气象灾害丛书

海洋气象灾害

许小峰　顾建峰　李永平　主编

气象出版社
China Meteorological Press

内容简介

本书主要介绍了海上大风、风暴潮、海浪、海雾、海上强对流等我国主要的海洋气象灾害，并简要介绍了海冰、赤潮、海蚀、咸潮与海水入侵和海啸等。在介绍各类海洋气象灾害的定义、分类、等级和特征的基础上，归纳了海洋气象灾害发生地区域、频率和变化规律，分析了引发我国海洋气象灾害的各类天气与天气系统，统计了近年来我国海洋气象灾害的主要案例及其造成的经济损失和人员伤亡情况。本书还介绍了我国海洋气象灾害的监测手段和预报预警的技术方法，并在此基础上，介绍了我国海洋气象灾害的预警预报发布规范和相应的防御措施等。

图书在版编目(CIP)数据

海洋气象灾害/许小峰，顾建峰，李永平主编. —北京：气象出版社，2009.3(2017.3 重印)

(气象灾害丛书)

ISBN 978-7-5029-4703-3

Ⅰ.海… Ⅱ.①许… ②顾… ③李… Ⅲ.海洋气象—气象灾害—基本知识 Ⅳ.P732

中国版本图书馆 CIP 数据核字(2009)第 025694 号

Haiyang Qixiang Zaihai

海洋气象灾害

许小峰　顾建峰　李永平　主编

出版发行：气象出版社

地　　址：北京市海淀区中关村南大街 46 号　　**邮政编码**：100081

电　　话：010-68407112(总编室)　010-68408042(发行部)

网　　址：http://www.qxcbs.com　　**E-mail**：qxcbs@cma.gov.cn

总 策 划：陈云峰　成秀虎

责任编辑：林雨晨　　**终　　审**：章澄昌

封面设计：燕彤　　**责任技编**：吴庭芳

印　　刷：北京建宏印刷有限公司

开　　本：787 mm×1092 mm　1/16　　**印　　张**：10.75

字　　数：199 千字

版　　次：2009 年 4 月第 1 版　　**印　　次**：2017 年 3 月第 3 次印刷

定　　价：35.00 元

序

据世界气象组织统计，全球气象灾害占自然灾害的86%。我国幅员辽阔，东部位于东亚季风区，西部地处内陆，地形地貌多样，加之青藏高原大地形作用，影响我国的天气和气候系统复杂，我国成为世界上受气象灾害影响最为严重的国家之一。我国气象灾害具有灾害种类多，影响范围广，发生频率高，持续时间长，且时空分布不均匀等特点，平均每年造成的经济损失占全部自然灾害损失的70%以上。随着全球气候变暖，一些极端天气气候事件发生的频率越来越高，强度越来越大，对经济社会发展和人民福祉安康的威胁也日益加剧。近十几年来，我国每年受台风、暴雨、冰雹、寒潮、大风、暴风雪、沙尘暴、雷暴、浓雾、干旱、洪涝、高温等气象灾害和森林草原火灾、山体滑坡、泥石流、山洪、病虫害等气象次生和衍生灾害影响的人口达4亿人次，造成的经济损失平均达2000多亿元。2008年，我国南方出现的历史罕见低温雨雪冰冻灾害，以及“5·12”汶川大地震发生后气象衍生灾害给地震灾区造成的严重人员伤亡和财产损失，都说明进一步加强气象防灾减灾工作的极端重要性和紧迫性。

党中央国务院和地方各级党委政府对气象防灾减灾工作高度重视。“强化防灾减灾”和“加强应对气候变化能力建设”首次写入党的十七大报告。胡锦涛总书记在2008年“两院”院士大会上强调，“我们必须把自然灾害预报、防灾减灾工作作为事关经济社会发展全局的一项重大工作进一步抓紧抓好”。在中央政治局第六次集体学习时，胡锦涛总书记再次强调，“要提高应对极端气象灾害综合监测预警能力、抵御能力和减灾能力”。国务院已经分别就加强气象灾害防御、应对气候变化工作做出重大部署。在2008年全国重大气象服务总结表彰大会上，回良玉副总理指出，“强化防灾减灾工作，是党的十七大的战略部署。气象防灾减灾，关系千家万户安康，关系社会和谐稳定，关系经济发展全局。气象工作从来没有像今天这样受到各级党政领导的高度重视，从来没有像今天这样受到社会各界的高度关切，从来没有像今天这样受到广大人民群众的高度关心，从来没有像今天这样受到国际社会的高度关注。这既给气象工作带来很大的机遇，也带来很大的挑战；既面临很大压力，也赋予很大动力，应该说为提高气象工作水平创造了良好条件”。

我们一定要十分珍惜当前气象事业发展的好环境，紧紧抓住气象事业发展的难得机遇，深入贯彻落实科学发展观，牢固树立“公共气象、安全气象、资源气象”的发展理念，始终把防御和减轻气象灾害、切实提高灾害性天气预报预测准确率作为提升气象服务水平的首要任务。面对国家和经济社会发展对加强气象防灾减灾工作的迫切需求，推进防灾减灾工作快速发展，做到“预防为主，防治结合”，很有必要编写一套《气象灾害丛书》，从不同视角吸收科学、社会以及管理各方面的研究成果，就气象灾害的发生、发展、监测、预报和预防措施，普及防灾减灾知识，提高防灾减灾的效益，为我国防灾减灾事业、构建社会主义和谐社会做出贡献。

2003年中国气象局组织编写出版了《全球变化热门话题丛书》，主要立足宣传和普及天气、气候与气候变化所带来的各方面影响以及适应、减缓和应对的措施。这套书的出版引起了很大反响，拥有广大的读者群。《气象灾害丛书》是继《全球变化热门话题丛书》之后，中国气象局组织了有关部委、中科院和高校的气象业务科研人员及相关行业领域的灾害研究专家，编写的又一套全面阐述当今国内外气象灾害监测、预警与防御方面最新技术成果、最新发展动态的科学普及读物。《气象灾害丛书》分21分册，在内容上开放地吸收了不同部门、不同地区和不同行业在气象灾害和防御方面的研究成果，体现了丛书的系统性、多学科交叉性和新颖性。这对于进一步提高社会公众对气象灾害的科学认识，进一步强化减灾防灾意识，指导各级部门和人民群众提高防灾减灾能力、有效地为各行业从业人员和防灾减灾决策者提供参考和建议都具有重要意义。同时，根据我国和全球安全减灾应急体系建设这一大学科的要求，“安全减灾应急体系”共有100多部应写作的书籍，《气象灾害丛书》的出版为逐步完善这一科学体系做出了贡献。

在本套丛书即将出版之际，谨向来自气象、农业、生态、水文、地质、城乡建设、交通、空间物理等多方面的作者、专家以及工作人员表示诚挚的感谢！感谢他们参与科学普及工作的高度热忱以及辛勤工作。

郑国光

编著者的话

通过两年的努力，《气象灾害丛书》终于编写完毕。丛书由 21 册组成，每一册主要介绍一个重要的灾种，整个丛书基本上将绝大部分气象以及相关的衍生灾害都作了介绍，因而是一套关于气象灾害的系统性丛书。参加此丛书编写的专家有 200 位左右，他们来自中国气象局、中国科学院、林业部和有关高等院校等部门。他们在所编写的领域中不但具有丰硕的研究成果，而且也具有丰富的实践经验，因而，丛书无论是从内容的选材，还是从描述和写作方式等方面都能保证其准确性和适用性。编写组在编写过程中先后召开了六次编写工作会议，各分册主编和撰稿人以高度负责的态度和使命感热烈研讨，认真听取意见和修改，使各册编写水平不断提高，从而保证了丛书的质量。另外，值得提及的是，丛书交稿之前，又请了 46 位国内著名的院士、专家和学者进行了评审。专家们一致认为，《气象灾害丛书》是一套十分有用、有益和十分必要的防灾减灾丛书。它的出版有助于政府、社会各部门和人民群众对气象灾害有一个全面、深入的了解与认识，必将大大提高全民的防灾减灾意识。丛书的内容丰富、全面、系统、新颖，基本上反映了国内外气象灾害的监测、预警和防御方面的最新研究成果和发展动态，可以作为各有关部门指导防灾减灾工作的科学依据。

在丛书包括的 21 个灾种中，除干旱、暴雨洪涝、台风、寒潮、低温冷害、冰雪等过去常见的气象灾害外，丛书还包括了近一二十年新出现的或日益受到重视的新灾种，如霾、生态气象灾害、城市气象灾害、交通气象灾害、大气成分灾害、山地灾害、空间气象灾害等。这些灾害对于我国迅速发展的国民经济已越来越显示出它的重大影响。把这些灾害包括在丛书中不但是必要的，而且也是迫切的。另外，通过编写这些书，对这些灾种作系统性总结，对今后的研究进展也有推动作用。

为了让读者对每一种灾害都获得系统而正确的科学知识以及了解目前最

新的防灾减灾技术、能力和水平，编写组要求每一册书都要做到：（1）对灾害的观测事实要做全面、正确和实事求是的介绍，主要依据近50年的观测结果。在此基础上概括出该灾种的主要特征和演变过程；（2）对灾害的成因，要根据大多数研究成果做科学的说明和解释，在表达上要深入浅出，文字浅显易懂，避免太过专业化的用语和用词；（3）对于灾害影响的评估要客观，尽可能有代表性与定量化；（4）灾害的监测和预警部分在内容上要反映目前的水平和能力，以及新的成就。同时要加强实用性，使防灾减灾部门和人员读后真正有所受益和启发；（5）对每一灾种，都编写出近50年（有些近百年）国内重大灾害事件的年表，简略描述出所选重大灾害事件发生的时间、地点、影响程度和可能原因。这个重大灾害年表对实际工作会有重要参考价值。

在丛书编写过程中，所有编写者亲历了1月发生在我国南方罕见的低温雨雪冰冻灾害和“5·12”汶川大地震。在全国可歌可泣的抗灾救灾精神的感召下，全体编写人员激发了更高的热情，从防大灾、防巨灾的观念重新审视了原来的编写内容，充分认识到防灾减灾任务的重要性、迫切性和复杂性。并谨以此丛书作为对我国防灾减灾事业的微薄贡献。

丛书编写办公室与编写组专家密切配合，从多方面保证了编写组工作的顺利完成，在此也表示衷心感谢。另外，由于这是一套科普丛书，受篇幅所限，各册文中所引文献未全部列入主要参考文献表中，敬请相关作者谅解。

编写组长　丁一汇

2008年10月21日于北京

前　言

海洋是人类文明从远古走向近现代的巨大推动力量，“百川东到海，何时复西归。”我们的古人对海洋的神秘和浩瀚充满了美妙的遐想。人类居住的地球表面大部分为海水所覆盖，海洋总面积达 3.61 亿 km^2，占地球表面积的 70.8%，是地球上陆地面积的 2.5 倍。在北半球，海洋面积占 60.7%，陆地面积占 39.3%。在南半球，海洋面积占 80.9%，陆地面积仅占 19.1%。北半球极区附近为北冰洋，高纬度地区三大洲几乎相连。南半球极区附近为南极洲，高纬度地区三大洋相通交汇。地球上的陆地好比突出海面的岛屿，水陆相间，蔚为奇观。图 1 为全球海陆分布及海洋的划分。

图 1　全球海陆分布及海洋的划分

浩瀚的海洋蕴藏着丰富的自然资源，它与人类社会有着密切的关系，为人类生存提供着无偿服务，其价值是无法估量的。众所周知，人类生存一刻也离不开氧气，而海洋就像地球的一个“肺”，具有氧气再分配的作用。海洋植物经过光合作用每年生产的氧气超过 300 亿 t，为大气含氧量的 70%。此外，海洋还为人类提供淡水、平衡温度、调节湿度，使工农业生产得到发展，使自然环境达到平衡。在资源向财富转换方面，除了传统的海洋渔业、海上交通、制盐和海涂开发利用等项目为人类提供财富外，海底石油、天然气、海水综合利用、潮汐发电等一些项目近年来得到了不断发展。

海洋与大气之间存在着密切联系与相互作用，海水质量约为大气质量的 250 倍，海洋特性如海温变异的空间尺度和时间尺度都很大，这样，海洋对大气变化就会产生深远的影响，导致了地球上大气与海洋间的水循环。据统计，海洋中每年蒸发的淡水有 400 亿 t，其中 90%通过降水返回海洋，其余 10% 变为雨水降落在陆地，形成地表径流汇入江河，又流归海洋。所以，海洋与陆地之间的水分在不断地循环，并达到相对平衡的状态。

海洋是个大宝库，它所蕴藏的生物资源、动力资源、矿藏资源、海水化学等资源十分丰富。因此，自古以来人们把海洋形容为生命的摇篮、风雨的故乡、气候的调节器、交通的动脉、资源的宝库。但我们也清晰地看到，近百年来，随着技术进步和工业迅速发展以及人类活动不断增强，人们毫无计划地消耗海洋资源，有的甚至将污染物排入到大海，使得海洋资源的再生产遭到破坏，渔业产量受到影响。海洋遭到污染，还会使制盐业和海水综合利用等遭受损失。更严重的是，污染海洋使海水蒸发减少，造成沿海地区气候干旱。与此同时，由于人类活动和城市规模不断扩大，为当今全球气候持续变暖起了推波助澜的作用，厄尔尼诺和拉尼娜事件屡屡发生，导致极端天气气候事件和海洋灾害频繁发生，对世界经济和人类生活造成了严重损失。

我国是一个海洋大国，邻近我国大陆和岛屿的海域范围相当辽阔，大陆海岸线总长度超过 18000 km，拥有面积 500 m^2 以上的岛屿多达 6500 多个，海岛海岸线长度超过 14000 km。海洋为沿海地区发展创造了有利条件，沿海地区是我国经济最发达的地区，创造了占全国近 60%的国民经济总产值。改革开放以来，沿海经济发展迅猛，全国海洋产业总产值以平均每年增长 20% 以上的速度增长，沿海经济已成为国民经济新的增长点，在国民生产总值中占有举足轻重的地位。然而，濒临我国的西北太平洋以及渤海、黄海、东海和南海的海洋环境条件十分复杂，气候多变，是海洋气象灾害频繁发生的区域。近十年来，由于全球气候变暖和 ENSO 事件不断出现，海洋灾害的发生有增多的趋势。而我国沿海地区经济发达，人口稠密，社会财富密集度大，以及海洋开发活动的兴起，如果一旦受到海洋灾害的袭击，人民生命财产受到的危害会更大。海洋灾害在一定程度上影响了沿海地区经济持续、稳定、健康发展。因此，沿海地区防御和减轻海洋灾害的任务相当艰巨。

海洋灾害是指源于海洋的自然灾害，是由于海洋自然环境或气象要素发生异常或激烈变化，导致在海上或海岸发生的灾害。海洋灾害主要包括风暴潮灾害、海浪灾害、海冰灾害、海雾灾害、台（飓）风灾害、地震海啸灾害，及赤潮、海水入侵、溢油灾害等。海洋灾害不仅威胁海上及海岸，还危及沿岸城乡经济和人民生命财产的安全。根据国家海洋局《2007 年中国海洋灾害公报》的统计，1989—2007 年海洋灾害的直接经济损失累计达 1060.76 亿元，累计死亡（失踪）人数达 1896 人。

由气象因素引起的海洋灾害，我们称之为海洋气象灾害。海洋灾害的发生，绝大多数是由气象因素引起的，引发海洋气象灾害的天气系统主要有：台风（热带气旋）、温带气旋、强冷空气活动等，海洋气象灾害的主要元素有：海上大风、风暴潮、海浪、海雾、海上强对流天气等。国家海洋局 2000—2007 年《中国海洋灾害公报》的统计数据表明，海洋气象灾害（包括风暴潮和海浪）导致的经济损失和死亡（失踪）人数分别占全部海洋灾害的 98.6％和 99.9％。图 2 是 2000—2007 年历年海洋灾害和海洋气象灾害造成的直接经济损失，图 3 是 2000—2007 年历年海洋灾害和海洋气象灾害造成的死亡（失踪）人数。

在我国沿海经济特别是海岸带经济和海洋经济飞速发展的情况下，海洋气象灾害的损失也随之快速增长，海洋气象保障的重要性就更为凸显。党中央作出了发展海洋产业的战略部署，这是顺应世界经济发展潮流的重大决策。现代意义上的海洋经济已完全突破了传统海洋渔业的范畴，成为一种综合性的经济体系，党的十七大报告明确指出，提升高新技术产业，发展信息、生物、新材料、航空航天、海洋等产业。作为新一代的海洋气象工作者，一定要认真贯彻落实党的十七大精神，坚持以科学发展观为统领，为做大做强做

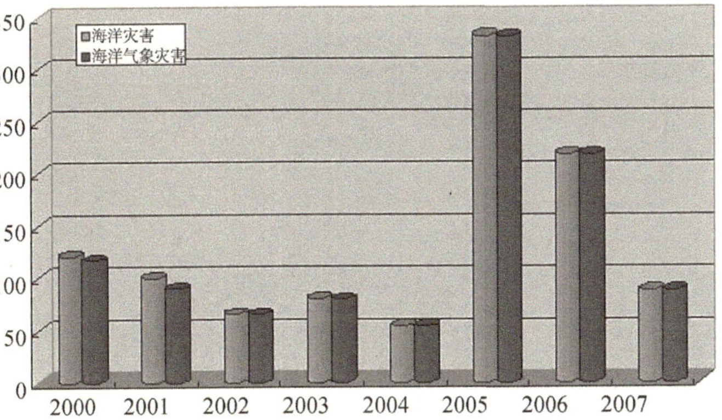

图 2　2000—2007 年海洋灾害经济损失（亿元）

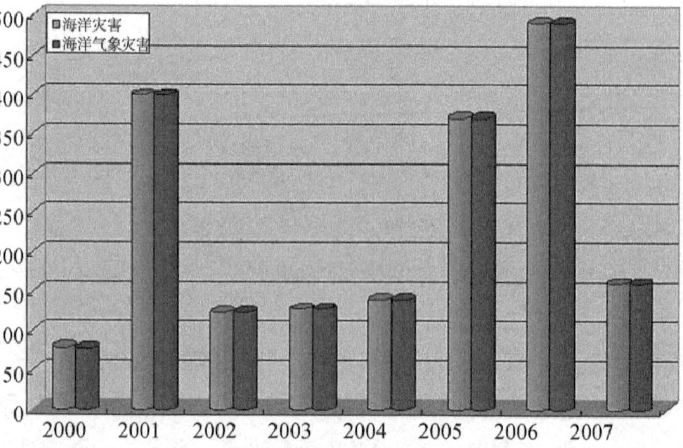

图 3　2000—2007 年海洋灾害死亡（失踪）人数

优海洋经济，实现海洋经济新跨越，做出应有的贡献。

本分册包括六个章节的内容，较为全面地介绍了海洋气象灾害的种类和特征，以及造成海洋气象灾害的各类天气与天气系统。

目 录

第1章 海上大风

1.1 海上大风定义

1.1.1 蒲氏及扩展的风力等级表

1805年，英国海军上将法兰西·蒲福（Frincis Beanfort）根据我国唐代天文学家李淳风撰写的《乙巳占》依靠观察海面现象的分级法把风力定为13个等级，最小为0级，最大为12级，称为“蒲福风力等级（Beaufort wind scale）”。最初各级数根据海情或海浪的状况来划分，并没有明确相关连的风速。19世纪50年代起，一般航海使用蒲福氏风级之后开始改以风杯式风速计测量风速。1923年风速计实现了标准化，蒲福氏风级略为修改以方便气象学使用。到20世纪50年代，随着大气科学的发展，观测到自然界的风实际上大大地超过12级，于是把风级扩展到了18个等级，如表1.1所示。

表1.1 风力等级表

级	名称	相当风速			海面波浪	平均浪高 (m)	最高浪高 (m)
		n mile/h	m/s	km/h			
0	无风	<1	0.0～0.2	<1	平静	0.0	0.0
1	软风	1～3	0.3～1.5	1～5	微波峰无飞沫	0.1	0.1
2	轻风	4～6	1.6～3.3	6～11	小波峰未破碎	0.2	0.3
3	微风	7～10	3.4～5.4	12～19	小波峰顶破裂	0.6	1.0
4	和风	11～16	5.5～7.9	20～28	小浪白沫波峰	1.0	1.5
5	劲风	17～21	8.0～10.7	29～38	中浪折沫峰群	2.0	2.5
6	强风	22～27	10.8～13.8	39～49	大浪白沫离峰	3.0	4.0
7	疾风	28～33	13.9～17.1	50～61	破峰白沫成条	4.0	5.5
8	大风	34～40	17.2～20.7	62～74	浪长高有浪花	5.5	7.5

续表

级	名称	相当风速			海面波浪	平均浪高（m）	最高浪高（m）
		n mile/h	m/s	km/h			
9	烈风	41～47	20.8～24.4	75～88	浪峰倒卷	7.0	10.0
10	狂风	48～55	24.5～28.4	89～102	海浪翻滚咆哮	9.0	12.5
11	暴风	56～63	28.5～32.6	103～117	波峰全呈飞沫	11.5	16.0
12	飓风	64～71	32.7～36.9	118～133	海浪滔天	14.0	—
13	—	72～80	37.0～41.4	134～149	—	—	—
14	—	81～89	41.5～46.1	150～166	—	—	—
15	—	90～99	46.2～50.9	167～183	—	—	—
16	—	100～108	51.0～56.0	184～201	—	—	—
17	—	109～118	56.1～61.2	202～220	—	—	

1.1.2 强风和大风的定义

根据蒲氏风级将 6 级风（10.8～13.8 m/s）定义为强风，将 8 级风（17.2～20.7 m/s）定义为大风。一般在气象预报业务中将平均风速达到 6 级以上的风，称为大风。

1.2 全球主要海洋大风区域和发生频率

1.2.1 概述

全球主要海洋大风区域有北太平洋、北大西洋中高纬海域（冬季）、北印度洋海域（夏季）和南半球的咆哮西风带（全年），其中包括处于重要航道上的比斯开湾和好望角等处。

北太平洋和北大西洋中高纬海域冬季出现大风的原因主要有三个。①中高纬海域处于西风带内，又与极锋的平均位置重合，极锋上多锋面气旋生成和活动；②中高纬海域西部是世界上强大的冷、暖海流交汇的地区，北大西洋湾流与拉布拉多寒流、北太平洋黑潮与亲潮交汇，从寒流上流过的冷空气和从暖流上流过的暖空气温度对比更加强烈，加剧了锋面和气旋的形成，并促使其强烈发展；③冬季位于两大洋中高纬地区的永久性大气活动中心（阿留申低压和冰岛低压）十分强盛，低压中心和周围海域风力强劲，大风范围可伸展到中纬度地区。

北大西洋东部的比斯开湾，地处盛行西风带，且湾口朝西，面对北大西洋，北大西洋上锋面气旋东移时，产生的大风浪长驱直入湾内，使湾内风浪较大。

南半球中高纬海域，陆地少地形简单，尤其是50°～60°S附近，海洋环绕陆地，海面摩擦力小，又位于盛行西风带中，风向终年稳定，西风强劲。其中位于非洲南端的好望角形成岬角地形，西风受岬角地形影响在角端附近得到加速。

1.2.2 南半球中高纬大风分布和发生频率

南太平洋30°S以南和南大西洋35°S以南的中高纬洋面上，常年吹偏西风，风向变化不显著，平均风力随纬度的升高而增大，除阿根廷近海平均风力为4～6级外，其余洋面7级以上的大风很常见，南非好望角附近由于地形作用风力常可达11级左右。在40°S以南的南太平洋，7级以上的大风频率冬季高达20%～30%，合恩角附近甚至高达40%，夏季亦达10%。35°S以南的南大西洋，冬季7级以上的大风频率为10%～30%，夏季为5%～20%，其中在60°S以南的40°W～30°E地区高达30%。

在南印度洋上，35°S以南终年盛行强劲的西风，冬季7级以上的频率达20%～30%，夏季达5%～10%。

1.2.3 北印度洋及阿拉伯海大风分布及发生频率

在北印度洋，5月下旬前后，西南季风首先在孟加拉湾盛行，稍后阿拉伯海也为西南季风控制，夏季西南季风发展最盛，风力较强，孟加拉湾约为4～5级，阿拉伯海6～7级，有时可达10级以上。全年7级大风频率超过20%，尤其在索科特拉岛东南部海域，大风频率高达40%。

1.2.4 北太平洋大风分布及发生频率

北太平洋冬季大风分布范围比夏季广，大风出现的频率也比夏季高，大风主要出现在大洋中高纬度海域。

冬季，在30°N以北，北太平洋西部风速大于东部，除鄂霍次克海、旧金山以西附近洋面外，其他区域6级以上大风出现的频率均高于30%，其中7级以上的大风频率达到10%～20%，千岛群岛至阿留申群岛之间高达40%。30°N以南，11°～15°N、132°～137°E区域以及台湾海峡和南海地区，6级以上大风的出现频率大于30%。

夏季，除热带气旋活动外，北太平洋整个洋面风力都较小，一般为 2～4 级。

春、秋两季风的分布状况介于冬、夏之间。4 月，除局部海域 6 级以上频率还高于 10%外，其余海区风力都减至 6 级以下。10 月，在 30°N 以北的北太平洋，洋面东部平均风大于西部，6 级以上的风力大值区位于 178°W 以东、40°N 以北的洋面上，6 级以上大风的频率在 40%以上。

1.2.5 北大西洋大风分布及发生频率

北大西洋的风的分布特征和北太平洋很相似，冬季大风分布范围比夏季广，大风出现的频率也比夏季高，大风主要出现在大洋中高纬度海域。

冬季，7 级以上的大风频率达到 10%～30%，55°N、20°W 附近海域高于 40%，并且在 58°N、30°W 海域以及格陵兰南端至 38°N、52°W 之间的狭长海域，8 级风频率在 30%以上。

夏季，除热带气旋活动外，北大西洋部分洋面（格陵兰和冰岛南部海域除外）风力都较小，一般为 2～4 级。

春、秋两季风的分布状况介于冬、夏之间。4 月，除局部海域 6 级以上频率还高于 10%外，其余海区风力都减至 6 级以下。10 月，40°N 以北的格陵兰南部和挪威海北部，8 级以上大风频率可达 5%～20%。

1.3 我国近海强风分布和发生频率

1.3.1 概述

我国（包括近海）地处东亚季风气候区，冬、夏季风差异显著。冬季，因受到来自西伯利亚的寒潮冷空气的频繁侵袭，常常造成大面积的大风降温天气，盛行偏北大风。夏季，受副热带高压和西南暖湿气流的控制，除西北太平洋热带气旋给东南沿海带来短暂的狂风暴雨外，天气晴热、风速一般不大。春、秋季节为冬、夏季风的转换期，气候宜人、少有大风天气发生。

受季节、海岸带地形、海表温度等的影响，我国近海冬季的风力较强，11—12 月份的大风过程和大风天气最多，平均风速也最大，夏季次之，春、秋季最弱。而且，不同海域的主导风向不尽相同。冬季，主导风向较为稳定，过程性风的持续时间较长，而且主导风向自北至南呈现顺时针变化的特征，即渤海、黄海主导风向为西北风或北风，东海南部转为东北风，南海北部和中部为东北风，南海南部转为偏北风。夏季，主导风的稳定性不如冬季强，过程性风的持续时间也不如冬季长。

我国近海不同海域的大风日数也不尽相同，其中 8 级以上大风年平均日数，以东海近海最多，黄海和渤海次之，南海最少。

1.3.2 渤海、黄海北部

渤海和黄海北部地区，冬季的大风日数和平均风速最大，春、秋季次之。因纬度较高，该海域受热带气旋的影响较小，夏季的大风日数和平均风速均不及春、秋两季。

该海域冬季的平均风速约为 6～7 m/s，并有约 11%～19%的时间处于 6 级以上的大风天气之中。春季和秋季平均风速均约为 4～5 m/s，6 级以上的大风天气约占 5%，夏季的平均风速为 4 m/s 左右，发生 6 级以上的大风天气只有约 2%～4%。

对于黄海北部海域，全年约有半年以上的时间处于大风多发阶段，且以 4 月份的大风日数最多。就风向而言，9 月至翌年 5 月以西北大风为主，夏季则以东南大风为主。

图 1.1 为黄海北部海域各月的大风日数分布。从 11 月至翌年 4 月的大风天气较为频繁，平均每月约有 14.8 d 发生大风，其中 4 月的大风天气高达 17.2 d。6—9 月则较少有大风天气发生，平均每月的大风日数约为 5.4 d。5 月、10 月则分别为大风日数由多到少和由少到多的过渡期，月平均的大风日数分别为 11.9 d 和 11.7 d。

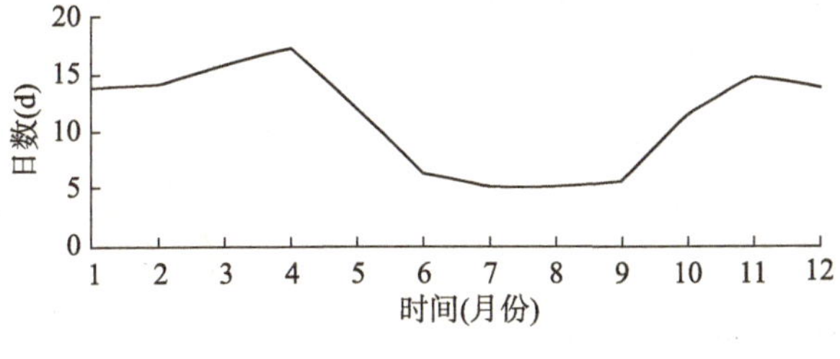

图 1.1 黄海北部海域各月的大风日数分布

1.3.3 黄海中南部

黄海中南部海域，盛行北到西北风，冬季的平均风速和大风日数均较大，夏秋季次之，春季最小。该海域冬季的平均风速约为 6～8 m/s，约有 10%～24%的时间发生 6 级以上大风天气，夏秋季的平均风速约为 5～6 m/s，6 级以上的大风天气约占 5%～10%，春季的平均风速约为 4～6 m/s。

1.3.4 东海

东海海域盛行东北风，虽然夏秋季受西北太平洋热带气旋的影响较大，但仍以冬季的平均风速为大（大风日数为多），夏季次之，春秋季最小。冬季，该海域的平均风速约为 8～9 m/s，6 级以上的大风天数约占 20%～25%。夏季，平均风速为 6～7 m/s，6 级以上的大风天数约占 7%～9%。春秋季，平均风速为 5～7 m/s，6 级以上的大风天数约占 6%～9%。

由于地形的影响，台湾海峡的平均风速及大风日数的季节变化更为明显，冬季的平均风速可达 10～11 m/s，6 级以上的大风天数占 20%～25%，夏季的平均风速只有 5 m/s，而春秋季的平均风速则可达 7 m/s 左右，6 级以上的大风天数约占 20%左右。

1.3.5 南海

南海海域盛行偏东风，虽然夏秋季节易受西北太平洋热带气旋的影响，但仍以冬季的平均风速为大（大风日数为多），夏秋季次之，春季最小。冬季，大风区主要位于吕宋岛以北、巴士海峡和南沙群岛以西的海域，平均风速可达 11～12 m/s，6 级以上的大风天数约占 40%～55%。夏秋季的平均风速为 7～8 m/s，6 级以上的大风天数约占 15%～20%。春季的平均风速最小，仅为 4～5 m/s，6 级以上的大风天数约占 2%～4%（北部湾稍大些）。

1.4 引发我国近海大风的因素

1.4.1 主要天气系统

1.4.1.1 冷空气

冷空气活动在地面气压系统上表现为北方冷性高压（反气旋）的积聚生成，向南侵袭，最后入海变性的过程。冷空气（冷高压）的活动是引起我国沿海和海区大风的主要天气系统之一，特别是一次强大冷空气的活动，往往反映了大气环流的巨大变化。当欧亚大陆环流比较平直、锋区偏北时，经常从斯堪的纳维亚半岛到新地岛之间，由极地向南伸出一个小槽，然而，往往就是从这一小股冷空气活动开始，欧亚大陆的环流调整为经向环流，使锋区压到很南的位置。又当欧亚大陆环流经向度很大时，乌拉尔山附近有强大的阻塞高压，但遇北欧来的冷空气能使阻塞高压崩溃，导致一次强大冷空气的活动。冷空气的活动在天气变化中的作用十分重要，对我国沿海及海区影响较为频繁，特别是对中高纬度沿海及海区，在冬半年作用更为显著。

首先我们了解一下冷空气活动的气候概念，中央气象台规定：长江中下游及其以北地区 48 h 内气温下降 10℃以上，长江中下游最低气温达 4℃以下，陆上伴有 5～7 级风，海上伴有 6～8 级风，称为寒潮。如果 48 h 内，降温达 14℃以上，则为强寒潮。24 h 内气温下降 8～10℃，最低气温在 5℃以下时，称为强冷空气；24 h 内气温下降 5～7℃，最低气温 5℃以下时，称为中等冷空气。

据统计（表 1.2），影响我国的冷高压平均每年有 91 次，平均约 4 d 就有一个冷高压进入我国。冷空气的活动，在春季（3—5 月）最频繁，平均 26 次。秋季（9—11 月）次之，平均 24 次。夏季（6—8 月）平均 21 次。冬季（12—翌年 2 月）最少，平均 20 次。

表 1.2　影响我国的冷高压频数

月份	1	2	3	4	5	6	7	8	9	10	11	12	合计
次数	6	7	8	8	10	7	7	7	8	8	8	7	91

影响我国冷空气的源地主要分为三类，如图 1.2 所示。第一类是在新地岛以西的洋面上，冷空气经巴伦支海、俄罗斯进入我国。它出现的次数最多，达到寒潮强度的也最多。第二类是在新地岛以东的洋面上，冷空气大多经喀

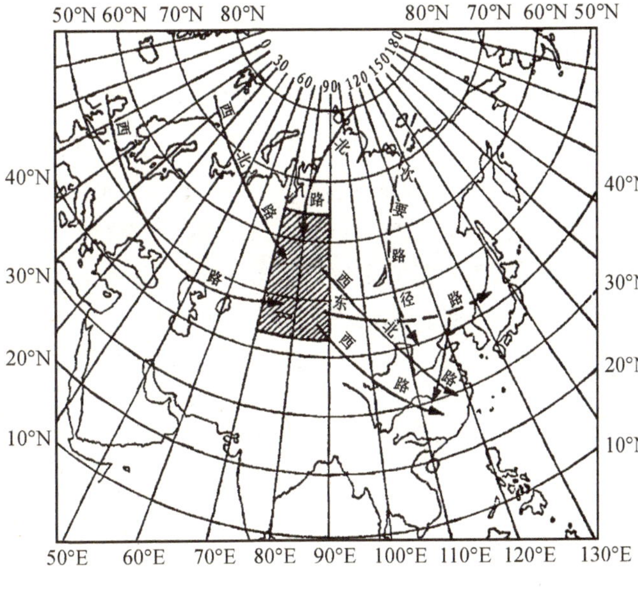

图 1.2　影响我国的冷空气源地、路径及关键区（阴影区）

拉海、太梅尔半岛、俄罗斯进入我国。它出现的次数虽少，但是气温低，可达到寒潮强度。第三类是在冰岛以南的洋面上，冷空气经俄罗斯欧洲南部或地中海、黑海、里海进入我国。它出现的次数较多，但是温度不很低，一般达不到寒潮强度，但如果与其他源地的冷空气汇合后也可达到寒潮强度。

侵入我国的冷空气95%都要经过西伯利亚中部（70°～90°E，43°～65°N）的关键区，并在那里堆积加强。从关键区入侵我国的冷空气的路径有四条：①中路（西北路径）冷空气从关键区经蒙古到达我国河套附近南下，直达长江中下游及江南地区。循这条路径下来的冷空气，在长江以北地区所产生的寒潮天气以偏北大风和降温为主，到江南以后，则因南支锋区波动活跃可能发展伴有雨雪天气。②东路冷空气从关键区经蒙古到我国华北北部，在冷空气主力继续东移的同时，低空的冷空气折向西南，经渤海侵入华北，再从黄河下游向南可达两湖盆地。循这条路径下来的冷空气，常使渤海、黄海、黄河下游及长江下游出现东北大风，华北、华东出现回流，气温较低，并有连阴雨雪天气。③西路冷空气从关键区经新疆、青海、西藏高原东南侧南下，对我国西北、西南及江南各地区影响较大，但降温幅度不大，不过当南支锋区波动与北支锋区波动同位相而叠加时，亦可以造成明显的降温。④东路加西路冷空气路径，东路冷空气从河套下游南下，西路冷空气从青海东南下，两股冷空气常在黄土高原东侧，黄河、长江之间汇合，汇合时造成大范围的雨雪天气，接着两股冷空气合并南下，出现大风和明显降温。所有影响我国的冷空气一般都能在我国沿海及海区造成大风大浪。

1.4.1.2 寒潮

寒潮是强烈的冷空气活动，寒潮天气是在冬半年里高纬度特定的环流形势下发生的一种大范围剧烈降温现象，受影响的范围广，冷空气所经之处，会相继出现降温、大风、雨雪或冰冻天气。寒潮对工农业生产和人们日常生活的影响都很大，它是一种灾害性天气。大雪、冰冻、雨凇等可使交通堵塞、电力中断和农林牧业受损等，沿海地区大风能造成风暴潮及海上翻船事故等，强降温对农作物、瓜果及热带作物的冻害最为严重。

寒潮最突出的天气现象是大风、降温、降雪及沙尘暴。冷锋过境时，风向突变，锋后有强大的偏北风，北方西北风，中部偏北风，南方为东北风。风速剧增一般在锋后，但在蒙古东部及我国东北地区，由于锋前低压的出现和发展，在锋前的风速也会增大，冷锋过后大风维持不长，但也有维持1 d以上的，有时结合日变化，会连续几天出现午后大风。冷锋过了淮河以后，因冷高压中心处在华北、内蒙古一带，移速减缓，南方长时间处在冷高压边缘的等压线密集区，使大风维持得较长。而海上由于摩擦力系数小的原因，风速明显比陆地大。

一次强烈的冷空气活动，可使 24 h 内降温 10～20℃，风力可达 6～8 级，个别情况甚至可达 10～12 级。当冷空气与暖湿空气交汇时，可出现大片的雨雪区，特别强大的冷空气堆，其规模可覆盖我国的大部分地区，其厚度可达 7～8 km，以扇形向东南或南方扩展。我国冬半年的全国性寒潮平均每年约有 3～4 次，还有约 2 次仅影响长江以北或仅影响长江以南的南方地区。但各年之间差异很大，全国性寒潮多的年份达 5 次，少的年份一次也没有。全国性寒潮一般于 9 月下旬开始活动，一直到次年 5 月才结束。3—4 月是寒潮活动的最高峰，11 月是次高峰。每一次寒潮从爆发到结束（移出我国包括我国海区），约需要 3～4 d，但也有一些寒潮，在冷锋过后，北方又有冷空气补充南下，气温持续下降，这样总的历时可达 7～10 d 甚至长的时间。寒潮侵袭时，海上风力一般在 6～8 级，短时可达 12 级，大风持续时间多在 1～2 d。海上大风强度以渤海海峡、山东半岛东部为最强，在我国北方海域为西北风，我国中部海域为偏北风，南方海域为东北风。

寒潮的天气学分型可分为三类，第一类是不稳定的短波槽发展成强大的寒潮，冷高压路径以西北类为主，亦有先北而南然后向东南的。第二类是阻塞形势崩溃时的强寒潮，冷高压路径以北方类为主，但亦有西北路径的。第三类是纬向气流盛行时随移动性槽脊东移的寒潮，冷高压路径自西向东。

寒潮的预报主要从以下几个方面来考虑，寒潮的堆积、爆发、强度和路径预报。寒潮的天气环流大致分为五类，即小槽发展型、低槽东移型、横槽转竖型、纬向环流型、低槽旋转型。

寒潮的堆积预报，强冷空气在西伯利亚、蒙古堆积是寒潮爆发的必要条件。如冷空气不够冷，即使环流形势有利，南下的冷空气也不易达到寒潮的强度。根据高空形势实况图、数值预报高空、地面形势预报图判定冷空气在源地是否堆积达到寒潮的强度。

寒潮的爆发预报，寒潮爆发有两个必要条件，一是上游地区有大量冷空气堆积，二是有引导冷空气大举南下的流场条件。判断有无强冷空气堆积一般情况下是看各层天气图上冷中心（或冷区）强度以及地面图上冷高压的配合情况。因月份不同，冷中心程度和冷高压的强度是不同的，早春晚秋，500 hPa冷中心强度在－44℃以下，地面冷高压中心强度在 1040 hPa 以上，隆冬季节，冷中心在－48℃以下，地面冷高压中心强度在 1050 hPa 以上。一般把 500 hPa 上阜阳—伊尔库茨克的温度差值≥30℃或阜阳—二连的温度差值≥20℃，作为判断冷空气堆积已达到即将向南爆发阶段的经验指标。流场预报在多数情况下，寒潮的爆发与高空长波调整相联系，所以寒潮爆发的预报首先要抓 500 hPa 环流形势的预报。温度平流、冷暖平流、上下游效应，对槽脊的发展影响很大，应作详细分析，同时应注意上下层结合，预报时应掌握以下规则：①涡度平流对槽发展起很大作用，当等高线沿气流方向疏散，则槽线上有正涡度平流，槽将加深，反之槽将减弱。②热成风涡度平流对槽发展也起很大作用，若冷舌落后于槽线，而且等温线无明显辐合辐散，那么冷舌前部有正的热成风涡度平流向槽线输送，槽将加深。若等温线呈疏散状且梯度又很大，热成风涡度平流强，则更有利于低槽加深。如果冷舌落后于低槽，但等温线呈辐合状，则热成风涡度平流弱，对槽的发展贡献小。③冷暖平流对槽发展的作用，当 500 hPa 等压面上槽后及槽线上有冷平流时，槽将加深。当 500 hPa 以下为冷平流时，地面冷高压发展，有利于冷空气向南爆发。④上下游效应的作用，上游槽（脊）线的转向会引起邻近下游脊（槽）的强度变化，上游脊线由南北向转为东北—西南向时，下游槽往往会显著加强。反之，上游脊线由南北向转为西北—东南向时，则下游槽减弱。当低槽后部的高压脊发展加强时，脊前偏北气流加大，低槽发展。当东移的低槽与南支槽同位相叠加时，低槽将加深。⑤高低空的配合，当高空环流形势符合五类寒潮模式时，江淮气旋的发生及发展有利于冷空气从低层南下，长江流域一带有地面倒槽强烈发展时，有利于冷空气从低层南下。⑥根据数值预报产品及预报经验，判定未来环流形势的演变情况，判断冷空气堆积到一定强度后是否大举南下，影响预报区域。

寒潮的强度预报，在实际工作中主要分析以下三个方面：①高空图上冷中心强度、锋区强度、冷区范围和冷平流强度。②地面图上冷高压的中心强度、范围大小及等压线密集的程度。③地面图上冷锋强度（温度水平梯度大小）、锋后降温程度、锋后变压中心强度，锋面附近其他气象要素和天气现象也可以间接说明寒潮强度，如锋后偏北风愈强，一般则意味着寒潮愈强。一般情况是寒潮强度越大，则风越大、降温越猛。

寒潮的路径预报，寒潮的路径一般是以高空图上冷中心、地面图上冷高压中心、地面图上冷锋、冷锋后 24 h 正变压和负变温的移动路径等来表示。业务预报中经常使用的是地面冷高压、24 h 正变压和高空 24 h 负变温这三项中心的移动路径。

寒潮强度与路径的预报，实质上是地面天气图上寒潮冷高压的强度与移动预报、高空图上引导寒潮南下的槽的强度与移动预报和寒潮冷锋的强度与移动的预报。从地面形势图上可以判断冷高压的强度和移动路径，以及冷锋的强度和路径，高空图上可以判断冷槽的强度与移动预报，根据数值预报产品的预报时效以及对数值预报的应用经验，可以提前作出寒潮预报，目前寒潮的预报时效可达7 d以上。根据以上气象要素的分析与预报，最终确定寒潮的影响时间和影响范围，以及降温、大风、雨雪、冰冻和沙尘暴等预报内容，对外发布寒潮警报或强降温消息。

1.4.1.3 温带气旋

温带气旋发生在热带气团与极地气团的交界面上，所以温带气旋又叫锋面气旋。在温带气旋中有冷锋和暖锋并存。锋面气旋是在锋面上发生波动发展而成的。有关锋面气旋生成的学说很多。挪威锋面学说首先指出，气旋是在静止锋或冷锋上发生波动而生成的。开始时，在锋面上形成一个波动，并在波动顶点附近出现一条闭合等压线，此后逐渐发展，形成一个完整的气旋。锋面气旋的演变过程，大致可分为初生期、青年期、成熟期（锢囚期）及消亡期（填塞期）。图1.3是温带气旋的演变过程及相应阶段的卫星云图特征。

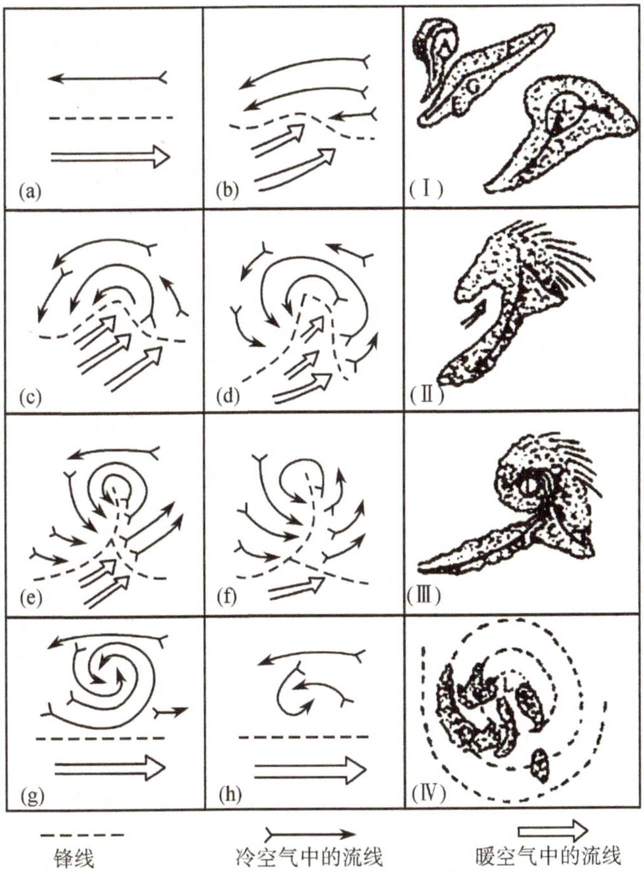

图1.3 温带气旋生命史及各阶段卫星云图特征

初生期：如图 1.3（a）（b）所示，原先地面上有一条静止锋，锋北面是冷空气，锋南面是暖空气，冷空气自东向西运动，暖空气自西向东运动，当冷空气向南插入锋下，暖空气向北抬升，并出现 1～2 条闭合等压线。

青年期：如图 1.3（c）（d）所示，随着波动的发展，气压进一步下降，闭合等压线增加，冷空气进一步向南推进，冷锋附近出现阵雨或阵雪，暖锋前也出现降水，降水区域扩大。随着气旋的发展，低层扰动逐渐向高层发展，气流作螺旋式的上升，高空低槽也逐步加深。

锢囚期：如图 1.3（e）（f）所示，气旋发展至最盛时期，自地面到 500 hPa高度均已成为圆形闭合环流。地面冷锋逐渐追上暖锋，并将地面暖空气上抬，气旋开始锢囚。这时，云雨范围最大，强度加强，风力增大，天气变化最剧烈。但由于地面已为冷空气所占据，成为冷性涡旋，因而气旋开始减弱。

消亡期：如图 1.3（g）（h）所示，气旋发展的最后阶段，暖空气仅残留在地面东南角，低层整个气旋中心辐合加强，地面加压，已变为冷性涡旋，低压中心部位开始填塞。从地面到 500 hPa 左右的闭合环流减弱，上升运动已消失，气旋减弱，以至消亡。

上面几个阶段为单个气旋的生命史，从初生到开始消亡需 2 d，长者可达 6 d，东亚和我国锋面气旋的发展过程，一般在 3 d左右，短的约 1 d，长的约 4～5 d。

中国气旋是指在中国境内发生发展起来或从境外移入中国，对中国大陆及海域天气有影响的温带锋面气旋。中国气旋全年均可发生，以春季最为频繁，有明显的地域性和季节性。中国气旋的生成位置遵循以下规律：①由于在中国上空存在着南北两支对流层锋区（或急流），因此中国气旋也分为南北两带，北带主要集中在贝加尔湖东南方的蒙古到中国大兴安岭东侧一带（45°～50°N），南带在长江中下游和淮河流域（28°～35°N）。生成位置随锋区的季节性位移而相应变化，当冬季南支锋区位于东海上空时，东海气旋多发。春季和春夏锋区位于江淮流域时，江淮气旋多发。盛夏锋区北跃到黄河以北时，则形成黄河气旋。②由于气旋多数生成于西风带高空槽前下方，从青藏高原移出的高空槽或高原东侧的西南涡向东移动时，在中国的中部和东部常有气旋生成。因此，黄河以北的气旋活动则与高原北部的高空槽有关。③由于地形低气压槽和山脉背风坡容易产生气旋，因此这些地方往往是气旋的源地。

根据气旋生成的源地和移动路径，通常把中国气旋分为蒙古气旋、东北低压、渤海气旋、黄河气旋、江淮气旋和东海气旋等。它们的活动对东北、华北地区和江淮流域的天气有很大的影响。

（1）蒙古气旋发生或发展在贝加尔湖东南方的蒙古中部和东部高原一带，约在 40°～50°N，100°～115°E 范围内。蒙古气旋大多是由西伯利亚移来的锢囚气旋暖区里新生的气旋，在这个地区的西部和西北部多高山，蒙古中部和东部处于背风坡，有利于气旋的生成和发展。此外，蒙古气旋也可是冷锋进入蒙古西部的倒槽或相对低压区里形成的气旋。春秋季节，冷暖空气活动频繁，气旋出现次数最多，冬季次之。夏季，锋区北移，暖空气活动占优势，故气旋显著减少。气旋形成后东移进入中国，常在东北地区发展加深，造成内蒙古和东北地区大风、沙尘暴、吹雪和降温等天气，降水量一般不大。

（2）东北低压亦称东北气旋，是我国气旋中发展最强的一类，它一年四季都可出现，以春秋季为最多，其天气主要是大风、风沙、降水、雷阵雨等。东北低压与蒙古气旋相似，绝大多数是从外地移来的，主要来自：①由蒙古气旋东移到东北地区发展而成，这类占东北低压的大部分，造成的天气主要是大风和扬沙，其中最突出的为春季西南大风，几乎可以影响到整个东北地区，极大风速甚至可达 40 m/s 以上。②黄河下游、渤海和长江中游、淮河上游地区产生的气旋，在向北偏东方向移动进入东北地区，多发生在夏季，秋季也有，是东北地区夏季重要的降水天气系统，常造成东北南部的大雨或暴雨。③东北地区本地发生的低压较弱小，生命短促，移动也不规则，仅在夏季产生一些雷阵雨天气。

（3）在渤海中偶尔也有气旋新生，通常在 12 h 之内突然产生，后迅速加深造成大风，常称为渤海低压。渤海低压一般可持续 12～24 h，然后移向东北地区。目前对渤海的这种新生气旋的预报还有一定的困难，因此活动在此的船舶必须多加注意。

（4）黄河气旋是在黄河流域生成的气旋，主要生成于河套、黄河下游及以东的海面上，常常影响黄河下游、辽东半岛、山东半岛、渤海、黄海北部和中部的海面。黄河气旋常出现较强的大风，风力可达 8 级以上，当其向渤海移动时，渤海和辽东半岛一带常出现 5～7 级的大风。若水汽充沛，还可出现大到暴雨。黄河气旋沿北东北方向经渤海进入东北地区，常常会得到发展。

黄河气旋一年四季均可发生，但以夏半年（6—9 月）为最多，约占全年总数的 80%。黄河气旋可分为三个源地：①发生于河套北部，是北支锋区上有高空槽经过河套北部并加强时，在地面静止锋上产生的气旋波，向东北或偏东方向移动，夏季此类气旋可给内蒙古中部和华北北部地区带来较大的雨量。②发生于晋陕地区，是黄河上游缓慢东移的暖性倒槽中有急速南下的冷锋进入后形成的，仅能产生一些零星降水。③发生于黄河下游华北平原地区，这类气旋占黄河气旋总数的一半以上，多出现在夏半年，常由于冷锋移入由西南向华北的低压倒槽内、或从东北伸向华北的“V”形低压槽中而形成。这类气旋约有 30%能在中国境内发展加深，当气旋东移或进入东北地区时，往往造成渤海和辽东半岛大风，风力一般为 6～7 级，气旋中心所经之地常有大雨或暴雨。

（5）江淮气旋主要指发生在西起宜昌，东至长江口的长江中下游地区产生的气旋，是长江中下游、湘赣地区及淮河流域气旋的总称。江淮气旋均属南支锋区上的波动，一般都由西风带高空槽或西南涡向东移动时，在地面静止锋上诱发而成。或是地面冷锋进入暖性低压槽后，锋面发生波动形成。气旋生成后，绝大多数向东北偏东方向移动入海，是造成江淮流域暴雨的主要天气系统之一。有时气旋西部或北部会有 6～8 级偏北或偏东大风，气旋东部有 5～7 级的偏南大风。

江淮气旋是造成江淮地区暴雨的主要天气系统之一，是长江流域梅雨天气的主要型式。另外冷锋后和暖锋前常因暖的雨滴蒸发而形成很低的碎雨云和锋面雾，入夏前的春季，一般大陆比海洋冷，在气旋东部，东南风把海上的暖湿空气输送到沿海及大陆，常常冷却而形成平流雾或低云，甚至出现毛毛雨，使得海面能见度十分恶劣，这种恶劣天气区随着气旋移动，海上航行的船舶要特别注意。江淮气旋一般在陆上风速不大，而入海后常常能迅速发展产生较强的大风，暖锋前为偏东大风，暖区为偏南大风，冷锋后则为偏北大风，主要影响黄海南部和中部海面，有时也会影响到黄海北部及渤海一带。

（6）东海气旋主要是指发生、发展于东海海域的气旋或从江淮气旋移入东海后改称的气旋，常常会影响东海和黄海南部海域。东海气旋多发生在春季，其次为冬季，夏季最少。冬春季节中国东南沿海受大陆冷高压楔控制，当南支锋区上有低压槽东移时，位于东海的地面静止锋会诱发成气旋波，这类气旋波基本上都向东北方向移动，在日本附近海上发展成熟，而在中国近海发展加深的仅占东海气旋总数的 10%左右。东海气旋水汽充沛，因而多阴雨天气，降水区主要分布在气旋中心附近。气旋后部常有偏北大风，大风发生往往很突然，如气旋在近海北上发展时，大风可影响至黄海南部，持续 1～2 d。值得注意的是，台湾海峡由于地形的影响，当冷锋过境时风力更大。东海气旋生成后先是向东北偏东方向移动，到达日本南部海面后常会强烈发展，其移向转为东北，因此对朝鲜、日本一带海区的天气影响很大，常带来大风、降水和低能见度等恶劣天气，影响范围也不断扩大。

关于爆发性气旋，人们发现，海上有些气旋会在短时间内气压急速下降，有时 24 h 内中心气压可降 24 hPa 以上，瞬时风速迅速增至 30 m/s 以上，风浪汹涌，并伴有暴雨等剧烈天气，有些甚至能形成类似于台风的风云结构，称这类气旋为爆发性气旋，又称“炸弹气旋”。爆发性气旋对海上运输、渔业生产和海上作业构成严重威胁。由于爆发性发展，对其预警能力有限，因此危害程度可能甚于热带气旋。

关于爆发性气旋的标准，不同学者提出了不同的定义。1980 年，Sanders 提出：24 h 内气压下降达到或超过 $24\sin\varphi/\sin 60°$hPa（φ 为气旋中心所在的纬度），称为气旋的爆发性发展。我国学者齐桂英提出：气旋中心不论在哪一纬度上，其中心气压的下降值只要 24 h 达到 24 hPa 或 12 h 达到 12 hPa，就认为是爆发性气旋。据研究，使用两者的定义分别统计爆发性气旋，其结果基本一致。据统计，爆发性气旋冬季最多，主要出现在冬半年暖海洋上海温梯度最大的海域附近，大部分位于北太平洋和北大西洋的西北部。在数量上西北大西洋多于西北太平洋，且前者更强。东北太平洋是爆发性气旋的第三个多发区。

1.4.1.4 热带气旋

1. 热带气旋的等级分类

热带气旋发生于热带洋面，但因发生地域不同，名称各异。发生在西北太平洋和我国南海的称为“台风”。发生在大西洋、墨西哥湾、加勒比海和换日线（国际日期变更线）以东的北太平洋东部的称为“飓风（hurricane）”。发生在阿拉伯海、孟加拉湾、印度洋的叫“热带风暴”。发生在澳大利亚的则称“Willy”风。1989 年以前，我国把热带气旋中心附近最大风力达到 8 级及其以上的称为台风，将中心附近最大风力达到 12 级的称为强台风。1989 年世界气象组织发布热带气旋国际通用分类标准，按照热带气旋中心附近平均最大风力的大小，把热带气旋划分成热带低压（tropical depression，TD）、热带风暴（tropical storm，TS）、强热带风暴（strong tropical storm，STS）和台风（typhoon，TY）4 类，即热带气旋是热带低压、热带风暴、强热带风暴和台风的总称。当热带气旋强度达到热带风暴及以上时，由各地区的台风中心给予统一命名。我国于同年采用国际通用分类标准：当热带气旋中心附近最大风力在 6～7 级（10.8～17.1 m/s）时称为热带低压，8～9 级（17.2～24.4 m/s）时称为热带风暴，10～11 级（24.5～32.6 m/s）时称为强热带风暴，中心附近最大风力达到 12 级及其以上时称为台风。从 2006 年 5 月 15 日起，我国增加了中心附近最大平均风力为 14～15 级时（41.5～50.9 m/s），称为“强台风”（STY），16 级及其以上时（≥51.0 m/s），称为“超强台风”（Super TY）。

因此，目前使用的热带气旋等级分类规定如表 1.3 所示。

表 1.3　热带气旋等级分类

热带气旋等级	中心附近最大平均风速（m/s）	中心附近最大风力（级）
热带低压（TD）	10.8～17.1	6～7
热带风暴（TS）	17.2～24.4	8～9
强热带风暴（STS）	24.5～32.6	10～11
台风（TY）	32.7～41.4	12～13
强台风（STY）	41.5～50.9	14～15
超强台风（SuperTY）	≥51.0	16 或 16 以上

2. 热带气旋的命名规定

关于热带气旋的命名，根据世界气象组织台风委员会 1998 年 12 月 1—7 日在菲律宾马尼拉举行的第 31 届会议的决议，从 2000 年 1 月 1 日起，采用具有亚洲风格的名字对西北太平洋和南海生成的热带气旋进行命名，旨在帮助人们对热带气旋提高警觉，增强警报效果。同时，保留原来使用的热带气旋编号。该方法将用于台风委员会成员向国际社会发布的公报中，也供各成员用当地语言发布热带气旋警报时使用。第 31 届台风委员会通过的西北太平洋和南海热带气旋命名表，共有 140 个名字，分别由亚太地区的柬埔寨、中国、朝鲜、中国香港、中国澳门、日本、老挝、马来西亚、密克罗尼西亚联邦、菲律宾、韩国、泰国、美国和越南等 14 个成员提供（每个成员提供 10 个名字）。这 140 个名字分成 10 组，每组里的 14 个名字（每个成员提供 1 个名字），按每个成员的字母顺序依次排列。命名表按表 1.4 中五列的顺序、循环使用。根据规定，一个热带气旋在其整个生命过程中无论加强或减弱，始终保持名字不变。这些名字大都出自提供国和地区家喻户晓的传奇故事等。中国提供的名字是："龙王"、"玉兔"、"风神"、"杜鹃"、"海马"、"悟空"、"海燕"、"海神"、"电母"和"海棠"。对造成特别严重灾害的热带气旋，台风委员会成员可以申请将该热带气旋使用的名字从命名表中永久删去，再补以其他名字。每年的台风委员会届会将审议台风命名表。

3. 热带气旋的环流结构

台风的环流结构近似轴对称，外貌类似圆柱体，水平范围上千千米，但垂直厚度仅 15～20 km（局限于对流层内）。图 1.4 是理想台风结构示意图，其结构特征包括台风眼、眼墙、及外围之螺旋状云雨带。台风中心为低压区，其中心气压常在 980～950 hPa，最低可达 870 hPa。底层气流受气压梯度力影响向内辐合，又受科氏力作用作气旋式旋转，内流空气因惯性作用无法到达台风中心，于眼墙处急速上升，故眼墙为台风中上升运动、降水最强的地方。眼墙中上升气流至对流高层时，因受对流层顶限制，向外做反气旋式辐散（台风之高层为高压），小部分空气则向中心处辐合、下沉，形成台风眼。台风眼处因下沉增温形成强烈暖心无云区，中心底层则为微弱之辐散气流，风速亦减弱。

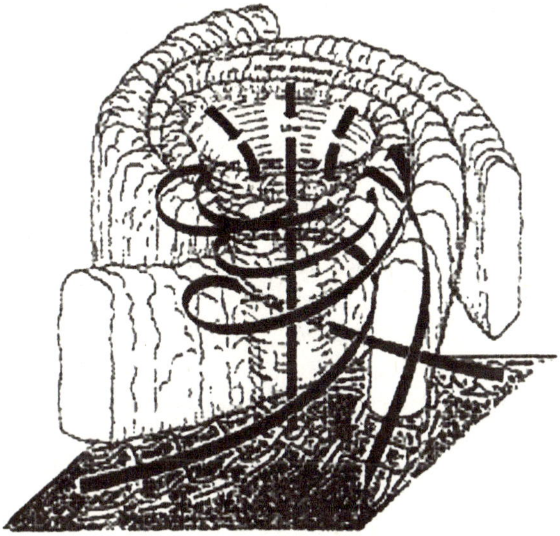

图 1.4　理想台风结构示意图

表 1.4　西北太平洋和南海热带气旋命名表

第一列	第二列	第三列	第四列	第五列	来源
Damrey 达维	Kong-rey 康妮	Nakri 娜基莉	Krovanh 科罗旺	Sarika 莎莉嘉	柬埔寨
Longwang 龙王	Yutu 玉兔	Fengshen 风神	Dujuan 杜鹃	Haima 海马	中国
Kirogi 鸿雁	Toraji 桃芝	Kalmaegi 海鸥	Maemi 鸣蝉	Meari 米雷	朝鲜
Kai-tak 启德	Man-yi 万宜	Fung-wong 凤凰	Choi-wan 彩云	Ma-on 马鞍	中国 香港
Tembin 天秤	Usagi 天兔	Kammuri 北冕	Koppu 巨爵	Tokage 蝎虎	日本
Bolaven 布拉万	Pabuk 帕布	Phanfone 巴蓬	Ketsana 凯萨娜	Nock-ten 洛坦	老挝
Chanchu 珍珠	Wutip 蝴蝶	Vongfong 黄蜂	Parma 芭玛	Muifa 梅花	中国 澳门
Jelawat 杰拉华	Sepat 圣帕	Nuri 鹦鹉	Melor 茉莉	Merbok 苗柏	马来 西亚
Ewiniar 艾云尼	Fitow 菲特	Sinlaku 森拉克	Nepartak 尼伯特	Nanmadol 南玛都	密克罗 尼西亚
Bilis 碧利斯	Danas 丹娜丝	Hagupit 黑格比	Lupit 卢碧	Talas 塔拉斯	菲律宾
Kaemi 格美	Nari 百合	Changmi 蔷薇	Sudal 苏特	Noru 奥鹿	韩国

续表

第一列	第二列	第三列	第四列	第五列	来源
Prapiroon	Wipha	Mekkhala	Nida	Kulap	泰国
派比安	韦帕	米克拉	妮坦	玫瑰	
Maria	Francisco	Higos	Omais	Roke	美国
玛利亚	范斯高	海高斯	奥麦斯	洛克	
Saomai	Lekima	Bavi	Conson	Sonca	越南
桑美	利其马	巴威	康森	桑卡	
Bopha	Krosa	Maysak	Chanthu	Nesat	柬埔寨
宝霞	罗莎	美莎克	灿都	纳沙	
Wukong	Haiyan	Haishen	Dianmu	Haitang	中国
悟空	海燕	海神	电母	海棠	
WSonamu	Podul	Pongsona	Mindulle	Nalgae	朝鲜
清松	杨柳	凤仙	蒲公英	尼格	
Shanshan	Lingling	Yanyan	Tingting	Banyan	中国
珊珊	玲玲	欣欣	婷婷	榕树	香港
Yagi	Kajiki	Kujira	Kompasu	Washi	日本
摩羯	剑鱼	鲸鱼	圆规	天鹰	
Xangsane	Faxai	Chan-hom	Namthcun	Matsa	老挝
象神	法茜	灿鸿	南川	麦莎	
Bebinca	Peiah	Linfa	Malou	Sanvu	中国
贝碧嘉	琵琶	莲花	玛瑙	珊瑚	澳门
Rumbia	Tapah	Nangka	Meranti	Mawar	马来
温比亚	塔巴	浪卡	莫兰蒂	玛娃	西亚
Soulik	Mitag	Soudelor	Rananim	Guchol	密克罗
苏力	米娜	苏迪罗	云娜	古超	尼西亚
Cimaron	Hagibis	Molave	Malakas	Talim	菲律宾
西马仑	海贝思	莫拉菲	马勒卡	泰利	
Chcbi	Noguri	Koni	Megi	Nabi	韩国
飞燕	浣熊	天鹅	鲇鱼	彩蝶	
Durian	Ramasun	Morakot	Chaba	Khanun	泰国
榴莲	威马逊	莫拉克	暹芭	卡努	
Utor	Matmo	Etau	Aere	Icente	美国
尤特	麦德姆	艾涛	艾利	韦森特	
Trami	Halong	Vamco	Songda	Saola	越南
潭美	夏波	环高	桑达	苏拉	

发展成熟的台风，大多有明显的台风眼，眼墙强对流区是水平方向风速最大的地方，垂直方向风速最大的地方位于距地表约 50 hPa 处，风速由最大处向上、向外递减。近地面强风区常覆盖相当大范围，7 级风圈半径常在 200～300 km。台风眼墙外的螺旋状雨带，包含有深厚的积云对流降水区及较广的层状降水区。图 1.5 是理想轴对称台风剖面示意图，除眼墙外，大都为砧状云（深对流于高层对流层顶下外流造成之厚卷层云），其雨量一般不太

大，雨量较大的强对流区一般在螺旋雨带内。

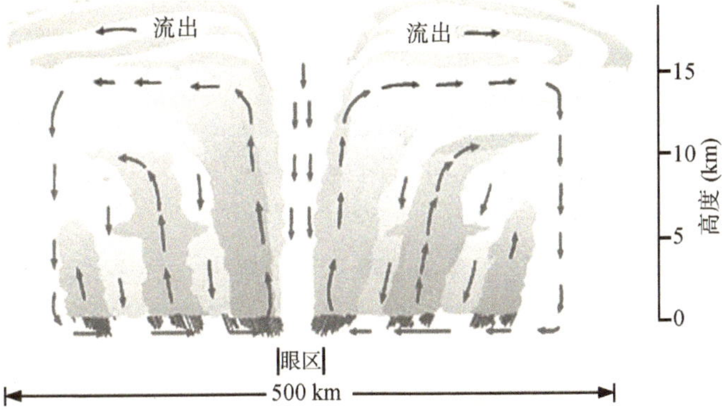

图 1.5　理想轴对称台风剖面示意图

4. 台风灾害

全球每年统一命名的热带气旋约有 80 个，其中 76%发生在北半球。我国沿海、中美洲、加勒比海是经常遭受台风和飓风袭击的地带。台风是最强烈的灾害性天气系统之一，它常常带来狂风暴雨和海潮侵袭，造成大范围的洪涝灾害和局部地区风暴潮、山崩、泥石流和滑坡等严重的自然灾害。每年全球由台风灾害造成的经济损失为 60 亿～70 亿美元，人员死亡约 2 万人。

富曾慈根据近 50 年资料统计，在我国登陆的热带气旋以广东最多，几乎占全国的一半，其次是台湾和福建，但登陆强台风以台湾、福建为首，占 60%左右，台风在我国登陆后，平均深入内陆约 500 km，最长可达 1500 km。梁必骐等的统计结果，登陆时最大风力达到 12 级的台风只限于上海以南各省，5—12 月均有发生。在上海以北登陆的热带气旋仅占 5%，而且只出现在 7、8 月。登陆台风一般都会造成较大的灾害，其中以广东、海南、浙江、福建和台湾最为严重。登陆中国的台风，平均 6 级大风半径为 400 km，10 级大风半径为 100 km。1956 年 8 月 1 日登陆浙江象山的台风，8 级以上大风范围北达天津，南抵厦门，西至秦岭，12 级大风也一直深入安徽境内。

海上的台风重大灾害的形成多数与台风风暴潮有关，尤其是台风风暴潮与天文大潮结合时，更容易形成大海潮而造成严重灾害。据 1949—1990 年的资料统计，中国沿海发生风暴潮 92 次，平均每年发生 2～3 次，其中伤亡人数在千人以上或直接经济损失 10 亿以上的重大潮灾有 11 次。这类风暴潮一般造成增水在 2 m 以上，超过警戒水位 1 m 以上。台风风暴潮在中国 4 个海区都有发生，其中以东海最多，占52%，南海次之，占34%，黄海、渤海占14%。中国最大的台风增水5.94 m发生在雷州半岛的南渡，它是由8007号台风造成的。台风风暴潮引起的最高潮位是浙江海门6.98 m，是由8923号台风创造的。据史料记载，从汉代至1949年共发生潮灾576次，其中最严重的是清康熙三十五年（1696年）发生在上海的特大台风风暴潮灾害，死亡人数超过10万。1905年8月和1922年8月的特大风暴潮也分别造成浙江、上海、广东数万人伤亡。

西北太平洋和南海平均每年有27～28个热带气旋生成，其中每年约有7～8个登陆我国。1988—2004年，我国平均每年因热带气旋造成的直接经济损失约230多亿元人民币，死亡440人左右，倒塌房屋30余万间，农作物受灾面积近290万 hm^2。同时随着我国经济总量的增长，热带气旋造成的损失也呈逐步上升趋势，如20世纪80年代全国因热带气旋造成的灾害，年均直接经济损失为30亿～40亿元人民币，90年代以来已达100亿元以上。准确和规范的热带气旋预警和及时的防御措施，能够大大减轻灾害造成的损失。例如2005年13号台风“泰利”于9月1日6时左右在我国台湾花莲附近登陆，9月1日14时在我国福建莆田市平海镇再次登陆。由于中央气象台和福建、浙江等省气象台均提前作出了准确的台风预报警报和及时服务，中国气象局和福建、浙江等省气象局及时向国务院领导和地方政府及有关部门报送有关“泰利”台风预报服务专报，并提出相应防御“泰利”台风的建议。国务院领导和有关部门以及地方各级政府高度重视防御“泰利”台风工作，并根据气象部门的预报和警报及时启动了各种级别的“防台预案”，及时转移安置危险地区群众，将台风造成的损失减少到最低程度。

台风在危害人类的同时，也在造福人类。台风给人类送来了淡水资源，大大缓解了全球水荒。一次直径不算太大的台风，登陆时可带来30亿 t降水。另外，台风还使世界各地冷热保持相对均衡。赤道地区气候炎热，若不是台风驱散这些热量，热带会更热，寒带会更冷，温带也会从地球上消失。

5. 台风气候

全球台风主要集中于北半球的北太平洋西部、北太平洋东部、北大西洋西部、孟加拉湾、阿拉伯海和南半球南太平洋西部、南印度洋东部、南印度洋西部的8个海区。发生于西北太平洋的台风占全球的36%以上，而东南太平洋因海温太低，南大西洋则因水域太窄且和垂直风切变太强至今尚未发现有台风生成。

在西北太平洋形成的热带气旋有80%会发展成台风，西北太平洋海域也是全年各月都有台风发生的唯一地区，5—12月每月平均在1个以上。台风出现的盛期为7—10月，约占全年台风总数的70%，其中又以8、9月最多，约占全年台风总数的40%。91%的西北太平洋热带气旋发源于5°～22°N之间，南海到我国台湾省—菲律宾以东的洋面上，包括马里亚纳、加罗林及马绍尔群岛所在海域。在冬、春季节（11—5月），热带气旋主要是在130°E以东的海上转向北上，以及在16°N以南往西行进入南海中南部，或在越南南方登陆。在过渡季节的6月和10月，除了在125°E以东的海上转向北上的热带气旋外，西行进入南海的热带气旋路径要比冬、春季节偏北得多，主要是在15°～20°N之间。到了7—9月台风季节，主要的台风移动路径呈现往北、往西偏移的趋势，且初夏台风一般向西移动穿过菲律宾，但在夏末和秋季台风就常转向西北，最后转向北或东北。西北太平洋区域台风转向点的平均纬度在24°N附近。另外，西北太平洋约有29%的台风会出现异常路径。

西太平洋热带气旋的源地主要有4个：①菲律宾群岛以东和琉球群岛附近海面，这一带是西北太平洋上台风发生最多的地区，全年几乎都会有台风发生。1—6月主要发生在15°N以南的菲律宾萨马岛和棉兰老岛以东的附近海面，6月以后向北伸展，7—8月出现在菲律宾吕宋岛到琉球群岛附近海面，9月又向南移到吕宋岛以东附近海面，10—12月又移到菲律宾以东的15°N以南的海面上。②关岛以东的马里亚纳群岛附近。7—10月在群岛四周海面均有台风生成，5月以前很少有台风，6月和11—12月主要发生在群岛以南附近海面上。③马绍尔群岛附近海面上（台风多集中在该群岛的西北部和北部）。这里以10月发生台风最为频繁，6月很少有台风生成。④我国南海的中北部海面。这里以6—9月发生台风的机会最多，1—4月则很少发生，5月逐渐增多，10—12月又减少，但多发生在北纬15度以南的北部海面上。

西太平洋台风路径的趋势特点，1—4月台风路径以125°E以东的菲律宾洋面转向为主，少数进入南海。5月台风路径123°E以东洋面转向为主，少数经菲律宾进入南海，后登陆粤东，极少数登陆海南。6月台风路径以121°E以东转向较多，经菲律宾进入南海登陆海南的概率比5月大，另一支北上登陆粤东。7月台风登陆我国的概率大增，分4路：①西行，登陆粤东—海南—越南；②西北行，登陆台湾、福建、浙江等省；③北上，登陆江苏、山东、辽宁等省；④转向东北。8月台风登陆我国的概率较大，也分4路：①西北或西行，登陆广东—海南—越南；②西北行，登陆日本或北上登陆朝鲜半岛；③西北行，登陆台湾、福建、浙江等省；④140°E以东转向移去。9月台风登陆我国的概率仍较大，也分4路：①经巴士海峡进南海，后登陆广东—海南—

越南的概率最高；②在台湾省东南海面右折向西北移，可能登陆台湾、福建、浙江、上海等地；③在 20°N、126°E 附近转向东北；④在 135°E 以东转向东北。10 月台风路径趋势为：①20°N 以南西移，经菲律宾进南海，登陆海南—越南，少数登陆粤西；②130°E 以东转向东北。11—12 月台风路径趋势为：①沿 15°N 以南西移，经菲律宾进南海，一是登陆越南或泰国，二是登陆粤西或海南；②在 13°N、130°E 以东转向东北移去。

6. 我国台风大风的分布特征

杨玉华、雷小途利用中国气象局台风年鉴 1949—2001 年我国台风实测大风记录，分析我国境内 1644 个测站由热带气旋引起的 6 级（≥10.8 m/s）及其以上最大风速（10 min 平均）或阵风 8 级（≥17.2 m/s）及其以上极大风速（2 min平均）的分布情况，台风引起我国境内的大风主要出现在山东半岛以南的东南沿海地区。华南地区的极值是西沙站共出现了 311 次最大风 6 级及其以上的台风大风，华东地区的大陈岛站出现了 201 次最大风 8 级及其以上台风大风，均为全国之最。出现台风大风的频数从沿海向内陆急剧减小，等频数线几乎与海岸线平行，如图 1.6 所示。杭州湾以北地区较少出现最大风 8 级及其以上（极大风 10 级及其以上）的台风大风，台湾、海南两岛则是频受台风大风影响之地。

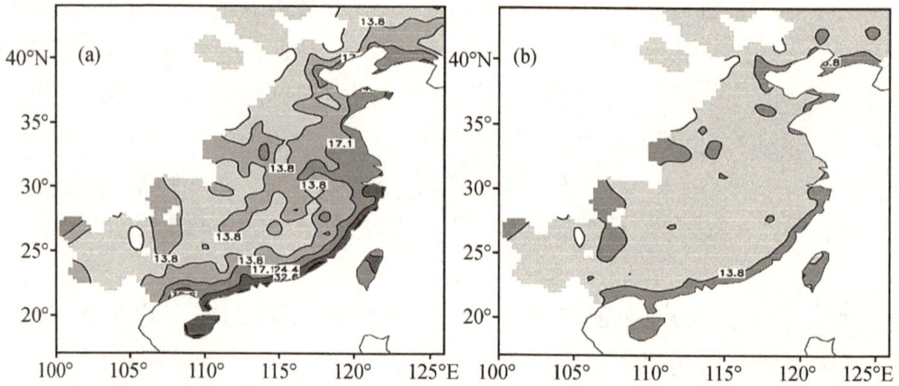

图 1.6　1949—2001 年间我国台风大风频数分布（a）6 级及其以上；（b）8 级及其以上

台风引起的大风风速与大风频数有类似的分布。均呈现出沿海大、内陆小的特征。统计表明，1949—2001 年间，我国 10 min 平均最大风速，福建省东山站 1980 年 9 月 19 日 3:38 受 8015 号台风影响，出现了 48.0 m/s 的 2 min 平均极大风速。1959 年 8 月 23 日 3:10 受 5903 号台风影响，福建厦门站出现了 60 m/s 的大风。1979 年 8 月 2 日 11:08 分，受 7908 号台风影响，广东汕尾站也曾达到 60 m/s。图 1.7（a）给出了各站在 1949—2001 年间的历史极端最大的台风大风风速分布，其中 8 级以上大风主要出现在沿海地区，内陆地区则大多只能达到 6 级左右的风速。图 1.7（b）给出了各站平均的台风大风风速分布，其沿海风速大、向内陆急剧减小的特征也十分显著，沿海地区大多能达到 7 级以上，但杭州湾以北至渤海湾以南多为 6 级。

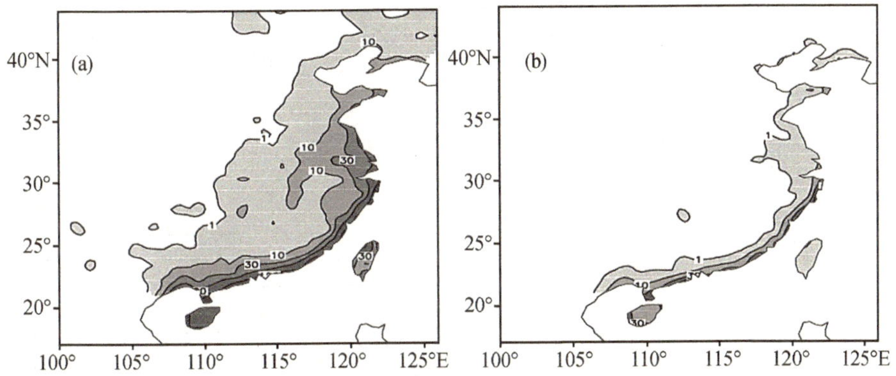

图 1.7 1949—2001 年间台风大风的风速分布（单位：m/s）
（a）历史极端最大值；（b）历史平均值

统计还表明，1949—2001 年间引起大风的台风共有 722 个，平均每年 13.6 个，在这些台风中，有 62％在我国登陆，38％在我国近海转向。如图 1.8（a）所示，引起大风的台风频数在 1970 年代和 1980 年代较多，1978 年最多达 22 个，1950 年代和 1990 年代以后相对较少，1950 年只有 3 个，两者相差 7 倍多。除 1949—1951 年和 1982 年外，每年均有 5 个及其以上的登陆台风引起了我国的大风天气，其中 1967、1985、1989 和 1994 年最多均为 13 个，1952 年仅 2 个。此外，除 1949 年外，每年均有部分近海未登陆的台风能在我国境内产生大风，其中以 1978 年的 14 个为最多，1964 年 12 个次之。从图 1.8（b）可清楚地看到，引起我国大风过程的台风频数还存在明显的季节变化。6—10 月汛期多，且以 8 月 3.5 个为最，其余月份的年平均都不足 1 个，其中 12—翌年 4 月更少。图 1.8b 还表明，引起大风的登陆台风也以 8 月最多，12—翌年 4 月较少，1—3 月为 0，4 月和 12 月在 1953 年间仅各有 1 个，这显然与在我国登陆的台风频数的季节变化（图 1.9b）有关。而引起大风的非登陆台风频数的季节分布特征则有所不同，其最大值出现在 10 月（总频数为 66 个），相对少的月份仍在 12—翌年 4 月间。另一方面，大部分登陆台风伴随有大风天气，约 11％的登陆台风未在我国境内产生大风，主要出现在 1950 年代和 1960 年代（图 1.9a）。这可能是因为我国从 1958 年才开始大量建观测站，建站以前的登陆台风大风资料有所遗漏。

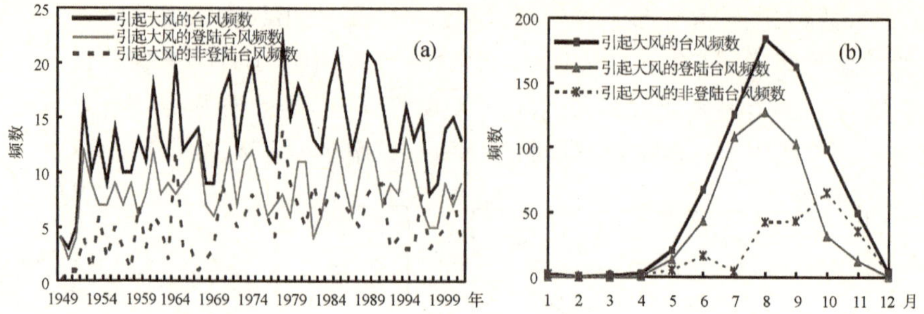

图 1.8　引起大风的台风频数分布（a）年际变化；（b）季节变化

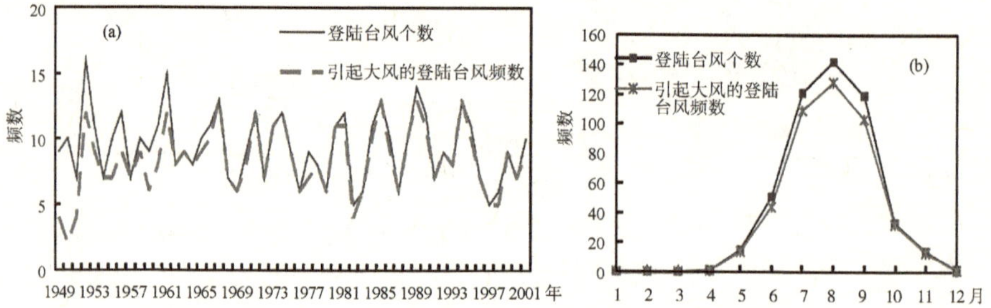

图 1.9　登陆台风及引起大风的登陆台风频数分布（a）年际变化；（b）季节变化

7. 台风的发生发展

热带气旋的形成需具备以下几个条件：①广阔的暖洋面，不仅要求海水表面温度高于 26.5℃，这个暖水层必须有 60 m 左右的厚度，而且热带气旋周围要有旋转的强风，使中心附近海水翻腾，在气压降得很低的台风中心甚至可以造成海洋表面向上涌起，继而又向四周散开，于是海水从台风中心向四周翻腾，提供热带气旋高温、高湿的空气。②对流层风速的垂直切变小，有利于热量聚集。③地转参数 f 大于一定的值，即纬度大于 5°的地区，有利于形成强大的低压涡旋。④热带存在低层扰动，提供持续的质量、动量和水汽输入。

台风大多生成在南、北纬 5°～20°之间，尤其是在 10°～20°之间发生了 65％，而在 20°以外的较高纬度只占 13％，5°以内赤道附近只是偶尔发生。

台风形成后，常受低纬东风气流引导和地球 β 效应影响向西北偏西方向移动。部分台风在向西北偏西方向移行中因登陆而减弱消失；部分台风则移至中纬度时，受西风槽影响转为东北偏东方向运动，并变性为温带气旋；也有少部分台风因移至较冷洋面上，受冷、干空气的入侵，或受强烈垂直风切影响而减弱消失。

台风的行踪一般都受大范围气流所控制。在北太平洋西部生成的台风，主要受太平洋副热带高气压环流所引导，因此在太平洋上多以偏西路径移动。但到达台湾或菲律宾附近时，已在太平洋副热带高气压边缘，故路径变化多端，有的继续向西移动，有的转向东北方向移动，更有的在原地停留或打转。一般而言，引导气流明显时，台风的路径较规则，否则台风的路径较复杂。

8. 热带气旋的预报

台风预报首先是做好台风的路径预报，而台风的移动主要是受引导气流所操纵。因此，台风移动的预报问题，在某种意义上说，主要是预报台风引导气流的问题。所谓引导气流是台风范围内三维空间的平均地转流场，而在日常业务工作中多采取 500 hPa 的地转流场作为基本气流。但台风上空 500 hPa 地转流场决定于大型气压系统，主要是副热带高压及西风带槽脊的动态和配置。因此，预报台风移动问题的着眼点就需要放在太平洋副热带高压的活动和西风带槽脊的位置及强度变化上。

西移台风的预报着眼点。西移是指台风一直受东风气流的牵引，进入南海或在广东或在越南登陆。因此，台风西移的必要条件是在 25°N 或 30°N 以南维持深厚的、持续的东风气流。常见的形势有副热带高压势力强盛，长轴呈东西向，脊线稳定在 25°～30°N 之间，在日本和我国长江中、下游均有副热带高压中心，500 hPa 上的中心强度在 590 dagpm 以上。副热带高压北缘有一支副热带急流和比较平直的锋区，或只有一些快速东移的小槽脊。台风处在副热带高压南缘稳定的偏东气流中，其中心与同经度的副热带高压脊线相距在 8 个纬距以上。台风因受东风气流操纵，以较快的速度向偏西方向移动，常在广东沿海或中南半岛一带登陆。

转向台风的预报着眼点。台风从东风带进入西风带时，操纵气流方向由偏东变为偏西，使台风转向。常见的形势为，环流是经向型的，在我国东部沿海一带是一个稳定的长波槽或为一个发展的低槽，槽底伸展并稳定在较低的纬度，有时甚至低于副热带高压脊线所在的纬度，太平洋上副热带高压往往东退减弱，或在台风所在的经度断裂。这时台风易从副热带高压的西南缘绕过副热带高压脊线进入西风带，或从副热带高压断裂处北上进入西风带，然后在西风槽前的西南气流引导下转向。

西北移台风的预报着眼点。台风在稳定而深厚的东南气流操纵下，向西北方向移动，常在浙、闽地区登陆。其形势特点为，西风带在东经 70°～90°E 地区出现长波槽，我国东部沿海为长波脊控制，中心位于黄海、日本海的副热带高压正处在稳定的长波脊南侧，不断有暖平流补充或西部有暖高压东移并入，副热带高压轴线呈西北—东南向，其西部脊线在 36°N 以北，台风所在纬度在 20°N 以北。这时台风受副热带高压南侧东南气流操纵，从正面登陆浙、闽一带，深入内陆而填塞。

特殊路径台风的预报着眼点。台风移动过程中会出现停滞、打转、摆动等特殊路径，变化多端，很难预报。特殊路径所对应的天气形势也是多种多样，当操纵气流很弱时，台风易出现停滞打转现象；当环流形势变化很快时，台风易出现打转等不规则路径。当出现双台风或三个台风同时存在时，常有特殊路径。此时台风移动路径可归纳为五种类型，即平行抛物线、相向抛物线、西台风西行东台风转向、西台风打转、直接打转等。

台风路径预报的天气学方法，应用各种探测资料（如飞机探测、雷达探测和卫星云图等）及时掌握台风动态，确定台风中心的位置、强度，结合考虑大型流场的演变趋势，运用演变趋势的持续性进行合理的外推，或用地面图上的变压和等压面图上的变高作台风移动的短期预报。但当台风转向或打转时，应全面仔细分析，然后作出判断。

当台风移到130°E以西区域时应用变高、变压预报台风移动的几条经验：①台风一般向－3 h时变压或－24 h变压中心偏西半个纬距的方向移动，台风移向和±3 h变压中心连线的方向大致平行。②在台风的东北方（朝鲜、日本等地区）连续出现正变高，且副热带高压轴线呈东西向，则台风未来将向西北方向或偏西方向移动，相反，连续出现负变高，这时即使副热带高压很强，也要注意台风未来有转向的可能。③台风登陆后，如在它的北部产生倒槽，在此槽线附近又是－3 h变压，－24 h变压等负变压区的轴线（即气压下降最大区与倒槽槽线重合），则此轴线指示的方向即为台风短期的移动方向。④当台风越过琉球群岛后，预计将正面登陆于浙江沿海，若沿海－3 h变中心稳定在某地区，则该地区可能为台风登陆的地区。⑤台风进入东海后，如日本、朝鲜一带连续出现正变压，则台风一般不会北上转向，而是向偏西方向移动。⑥地形对台风的影响，台风在经过台湾及其后在福建登陆期间的异常路径一般是地形诱生低压发生发展的结果。在降水强度上东部沿海特殊地形对台风北侧东南气流的辐合抬升使得暴雨增幅1倍以上。地形对台风强度也有一定影响，约为4～5 hPa。地形影响主要在低层，高度场往往分裂为两个中心，低层台风主体受山脉阻挡在位置上落后于高层。

1.4.2 海面热力及地形因子分析

1. 太阳辐射

对于发生在地球陆地、海洋和大气中的绝大多数灾害过程来说，太阳辐射是主要的能源，而来自宇宙中其他星体的辐射能仅是太阳辐射能的一亿分之一，对于来自从地球内部传递到地面上的热量也仅是一万分之一。

大气与海洋都存在着南北温差，冷热对比造成空气和海水的循环流动，产生风和海流，将热带低纬地区多余的热量输送到两极，使地球表面温度对比不致太大。我们可以把地球上的热平衡过程看作一部低效率热机，低纬和高纬地区分别是冷热源，海洋好比大锅炉，太阳辐射是燃料，大气中的水汽以及海水是媒介，热机的运作现象就是风和海流。大气中最重要的南北热交换过程是通过季风、热带气旋来完成的，海洋中则是依靠大规模海洋环流系统。在暖洋面上，海面的感热输送作用可以使冷高压入海变性。

2. 海气能量交换

海面每时每刻都在蒸发过程中消耗热量，当水汽进入大气后，在一定条件下又会发生凝结，把热量释放出来，形成海气之间的潜热交换。潜热交换的数量主要取决于水面和空气的水汽压差以及风速的大小，而水汽压差又受气温和海气温差的制约。一般冬季最大，春秋次之，夏季最小。我国渤海、黄海水温较低，蒸发量也小，潜热交换数量也小。感热交换是指由于海面水温和气温的差异而引起的海气之间的热量交换，海洋对大气的感热输送主要发生在秋冬季。大气和海洋间总的热量交换是辐射平衡、潜热交换、感热交换的代数和。

与陆地相比较，海洋冬暖夏凉，气团由陆地入海时就会变性，或增强或减弱。当冬季极地大陆气团爆发后，干冷空气移入暖湿的洋面时，海洋对大气供给大量感热和水汽。观测表明，海面通过潜热和感热向冷气团输送的热量要比暖气团活动时多 3 倍，造成气团变性特别明显，与冷空气在海上变性不同，气旋在海上的变性主要表现为加深和风速加大。

3. 下垫面条件

表层海水与大气间的相互作用造成了地球上的气候状况。热带地区由于强烈的日照促成增暖以及蒸发，因此表层海水温度、盐度均较高。中纬度地区，表层海水特性虽然会随季节变化很大，但仍比深层海水暖和轻。高纬度极区海水本来就很冷，每当冬季来临时表层水温更为降低，海水密度增大，并与深层海水相混合，这也就是深层海水之来源。海洋对气候变化扮演了稳定作用的角色，主要是因为海洋有很大的" 热惯性" 这是由于水的比热容大、混合快、有相变，潜热大，而且光线可穿入很深水体。极区海冰对全球气候影响较小，这是因为地球是球面分布，极区面积远远小于温带与热带，极区海面覆盖有冰层和冰块，隔绝了海气交互作用，另外当水温低时，海气间热交换过程亦较慢，效率不高。

热带气旋发生在暖洋面上，一旦离开暖洋面就会衰亡。海洋表面的高温和丰沛的水汽是维持台风内部对流和加热所必需的。海表温度对热带气旋的影响主要有两个方面，一是影响热带气旋的形成和强度，二是影响热带气旋的移动路径。

海陆分布地形及海陆热力差异是形成中尺度海面风场的主要因素。长江入海口的长三角洲地区，由于陆面水面交错，下垫面地形及热力性质有很大差异，夜间会出现明显的陆风，白天会出现海风及相应的垂直环流，在群岛海域，热力、动力因子的联合强迫作用十分明显。

1.5 引发我国近海大风的主要天气形势

1.5.1 引发黄渤海大风的天气形势

1. 受热带气旋影响的天气形势

进入黄、渤海的热带气旋平均每年 1.8 个，其中强台风占 13.5%，台风 59.4%，热带低压 27.1%。平均每年出现的台风和强台风为 1.3 个，5—9 月份均有出现，但以 7、8 两月最多，约占总数的 83.8%。但进入渤海的热带气旋平均 3 年多才有一次，主要集中在 7—8 月份。

影响黄、渤海的热带气旋路径有三条，一条经台湾省附近，从温州至厦门之间登陆，然后北上，在长江口至山东半岛一带入海；另一条路径从台湾省到冲绳岛之间北上，进入黄海；还有一条从冲绳岛到日本之间西进，进入黄海。

2. 受寒潮和冷空气影响的天气形势

侵入黄、渤海的冷空气大风主要起源于北冰洋新地岛一带，该冷空气不断在西伯利亚一带堆集成为庞大的冷高压，并从每年的 9 月中旬到翌年 4 月沿高空西北气流一次次侵入。

冬季，冷高压势力最强，而且中心位置偏南，可频繁影响黄、渤海。春、秋两季高压势力稍有减弱，但多为移动性高压。夏季冷高压活动频数已明显减少。冷高压的中心强度在大陆上先是由西向东增加，至准噶尔盆地时达到最强，再往东又稍有减弱。

当冷高压的前沿——冷锋移过黄、渤海时有偏北大风，强烈冷锋常伴有阵性天气和剧烈降温。同时，冬季强冷空气南下路经暖湿的海面时还会产生很大的扰动，有时山东半岛北部的间断性降雪常延续到强冷平流消失为止，而山东半岛南部降雪总时数只及北部的 1/3。

冷锋扫过我国大陆后，高压中心常在大陆上持续 2～3 d 以上，此时，黄、渤海的风力可减弱，天气转好。

春季，冷空气范围较小，但周期性明显。锋前的南风和锋后的北风短时间也很大。一旦高压入海或迅速减弱后，华北平原地区又极易出现华北地形槽，该地形槽与入海高压相配可产生黄渤海的西南大风。

影响黄、渤海的三条冷锋活动路径为：①北路冷锋，从贝加尔湖以东南下，经蒙古东部、东北平原进入渤海，主要产生黄渤海的偏东大风过程。②西北路冷锋，经萨颜岭、蒙古中部进入中蒙边境后，再经华北平原移向东南入海，也有的东移进入东北平原后入海，多产生东北大风或北向大风。③西路冷锋，经新疆、河西走廊东移入海，该路冷锋多产生西北大风。表 1.5 给出了三路冷锋对黄、渤海产生大风概率、持续时间及风向的比较。

表 1.5　不同路径冷空气引发黄渤海大风的特征比较

冷锋路径	大风概率（%）	平均持续时间（h）	最多风向
西北	61	24	N-NE
北路	26	23	E-NE
西路	13	14	N-NW

3. 受温带气旋影响的天气形势

影响黄、渤海的气旋多数由陆上产生而移入海区的。总的来看，在 20°N 以北，全年均可受到温带气旋的影响，强大的气旋多发生在 4 月，频数可按夏、秋、冬、春顺序增加。影响黄、渤海的气旋源地主要有江淮气旋、黄河气旋、蒙古气旋、东北低压等。几乎产生或移经中国大陆上的所有气旋，都会不同程度地对黄、渤海产生影响。因为一方面由于黄、渤海区域正位于中纬度区域，另一方面由于黄、渤海南北跨度较大。

江淮气旋生成后常沿两条路径移行，一条向东北经黄海，穿过朝鲜半岛进入日本海，气旋入日本海后又往往可得到充分发展，与南下的冷空气相配合，反过来再增强黄海北部及渤海海峡一带的偏北大风。另一条在长江口东北岸入海，经黄海南部，再经北海道入阿留申群岛，这类气旋常在长江口或以东海面得到迅速加深而造成大风天气。黄河气旋入渤海后也有两条路径，一条沿渤海北岸向东北方向移动。另一条穿过渤海经辽东半岛南端，再越过朝鲜半岛北部进入日本海，最后在鄂霍次克海消失。发展强盛的蒙古气旋和东北低压，一部分南下可影响到黄渤海，主要以偏南大风为主。渤海气旋产生于渤海及沿岸地区，从 37.5°～40.0°N 之间穿过 120°E，主要影响渤海及黄海北部。此外，近年来还发现一些发展迅速的次天气尺度气旋常影响黄、渤海区域，并可局地造成 10 级以上的风浪，由于该气旋生消迅速，尺度又较小，常规天气图资料很难完全捕捉到它们的踪迹，具有很大的隐蔽性和破坏性。表 1.6 给出了影响黄渤海偏北大风各类气旋出现的百分率。在冬季和夏季，黄渤海的主要风向很有规律，风系清楚，与气压场的关系较好，如表 1.7 所示。冬季（以 1 月为代表），近海受大陆高压的控制，主要风向自北向南顺时针方向旋转。夏季，近海受大陆低压控制，主要风向自南向北逆时针方向偏转。

表 1.6　影响黄、渤海偏北大风各类气旋出现的百分率（%）

气旋类型	渤海气旋	黄河气旋	江淮气旋
百分率	23	16	58

表 1.7　黄、渤海海域冬夏盛行风向

月份	渤海	北黄海	南黄海
1 月	NNW	NNW	N
7 月	SE，S，SW	SSE	SSE

黄渤海大风也具有某些地方性的特征，在山东半岛的尖端成山角一带是有名的大风地带，在同一天气系统影响下，风力总比其他海区大 2 级左右。冷空气从内蒙古进入东北平原后，冷空气沿长白山西麓向西南经过辽东半岛入渤海湾和黄海北部，因此，即使在不太强的天气系统影响下，这一带也可产生 7 级以上的东北大风，而且每年冬、春季都有大风出现。在一定的气压场配置下，即当等压线和海岸线大致平行时，山东半岛南岸 20～30 nmile 的狭窄地带往往发生东北或西南大风。冷空气从山东半岛内陆流至半岛东部沿海时，由于崂山山脉的阻挡，使冷空气在崂山西麓堆积，堆积到一定程度后，冷空气从山的凹口滑下造成青岛外海的西北阵性大风。蒙古高压东伸，冷空气从辽东湾进入渤海时，渤海可吹 6～7 级偏东风，持续 1～2 d 甚至更长。山东半岛以北海面的大风多于半岛以南，几乎多一倍。6 月等压线呈南北走向，沿海与内陆温差较大时，在傍晚，江苏、浙江沿岸海面常出现 6 级大风，但时间不长。

1.5.2　引发东海大风的天气形势

1. 受热带气旋影响的天气形势

影响东海的台风，其主要路径可分为 4 条：①经台湾省附近，在温州，厦门之间登陆，然后北上，在山东半岛至长江口一带出海；②由台湾和冲绳岛之间北上，经过东海北部进入黄海；③从冲绳岛至日本西部之间西进入黄海；④在东海转向后东行。据 1949—1975 年的资料统计，在东海东南部，4 月份可出现台风，5 月份台风可到达东海北部，6 月份最多时有两个台风影响东海和黄海，有少数进入黄海北部，个别能进入渤海，并开始有台风在东海海区登陆。7月份渤、黄、东海都可能受台风袭击，最多时达4个，7月上旬台风常通过台湾省，向西北方向移动。在我国东海海岸登陆的台风，每年平均有1～2个。8月，台风出现最为频繁，各海区均可受其影响，最多时有4个，每年平均有一个台风在东海海岸登陆，最多时有3个，有少数可到达渤海，一般情况下，8月份黄海北部和渤海很少受台风袭击。9月份最多有4个台风侵袭东海，在我国东海海岸可有1个台风登陆。10—11月，台风活动区仅限于东海南部，次数很少，最多不超过3次，台风大多只掠过东海东部即转向移走，影响不大。12月份台风极少，均不可能在我国登陆。

2. 受寒潮和冷空气影响的天气形势

冷空气一条由内蒙古经河套、关中等地直达长江中游（反气旋中心最南可抵25°～30°N)，再折向东进入东海，由于冷气团在移动过程中逐渐变性增暖而减弱，到了沿海地区，势力已很弱，能向东出海的较少，只有势力很强时，其影响所及范围才能达南海或更南的海区；另一条是经内蒙古、华北和东北南部入北黄海向南，当它比较强时，可达东海南部。

冬季风系在我国海区是由北向南逐步推移的，它的建立是在8月底和9月初，正是大陆高压首次加强的时候，这时，对流层底层的冷空气会突然爆发。9月底，冬季风即可到达南海北部19°N附近。10月初，遍及15°N以北的海区，10月下旬，可扩展到10°N。11月份到达5°N以北地区。12月，冬季风则遍及整个中国近海，甚至跨越赤道侵入南半球。1月份为冬季风的最盛时期，在冬季风盛行时期，黄海南部和东海北部盛行北风，但也经常吹东北风，东海中部和南部盛行东北至北风，以东北风占多数，我国台湾省附近海面及南海，东北风占绝对优势，频率高达70%以上。冬季风的持续时间随海区而不同，25°N以北海区，大约从9月至翌年3月偏北风占主导地位。而25°N以南，由于受东北季风制约，时而也受东北信风的影响，加之地形和其他条件的作用，一般北部海区东北风的持续时间长，南部海区持续时间短，台湾附近海面为9月至翌年5月。

夏季，亚洲大陆为热低压控制，同时，太平洋副热带高压西伸北进，因此，高低压之间的偏南风就成为我国海区的夏季风。由于热低压的气压梯度不如冬季冷高压前部的气压梯度大，所以夏季风比冬季风弱。夏季风的建立是在4月中旬以后，这时蒙古高压逐渐变弱并收缩，与此同时，印度及我国大陆上热低压明显发展，冬季风衰弱，夏季风开始出现。5月份偏南风向北推进至15°N左右，6月份偏南风迅速遍及整个中国近海及日本海区，7月份为夏季风最强盛时期，偏南风稳定扩展到整个海区。影响整个中国近海但时间过程比冬季风短。东海和黄海盛行南至东南风。

东海冬季和夏季的主要风向很有规律，风系清楚，与气压场的关系符合得较好（如表1.8）。冬季（以1月为代表），近海受大陆高压的控制，主要风向自北向南顺时针方向旋转，20°～25°N为向信风带过度的海区，风向多变，在此以南则为信风带，以NE和N风为主，其中，140°N以东偏东风盛行，140°N以西受NE季风影响，则以NE风为主。夏季，近海受大陆低压控制，主要风向自南向北逆时针方向偏转。过渡季节，特别是春季4、5月份，主要风向突变，风向较乱。

表1.8　东海海域冬夏盛行风向

月份	东海北部	东海南部
1月	N	NNE
7月	S	SSW

3. 受温带气旋影响的天气形势东海气旋是指在东海海域内发生和发展的气旋，包括两部分，一部分在台湾东部和北部海面生成的气旋，也有少部分生长在长江口以南至福州沿岸或海上；另一部分为移经或发展于东海海域的气旋，这类气旋四季都可出现，但以春季最多，4、5月平均为0.75个，最多月可出现5个，1—3月次之，夏秋两季最少。东海气旋生成后绝大多数是发展的，生成后的前两天，中心常向东北偏东方向移动，一般移速在40 km/h以上，中心强度平均每24 h加深6～10 hPa，到了日本南部黑潮上空，加深程度更加显著，移动方向也转为东北方向。如果这时日本为冷高压控制，则冷空气常能抑制东海气旋的发展。由于东海气旋在海上形成并发展，沿海气压梯度加大，所以沿海多北向大风，大风往往来得很突然，春、冬季，6级以上大风能持续1～2 d，秋季大风持续时间较短。

江淮气旋主要影响黄海中部及东海北部，如果其路径偏北，还能影响黄海北部。东海南部主要是气旋暖区气团的天气，气旋入海前多东南向大风，随着气旋入海，风向转为偏东风，气旋中心过后多西北向大风，一般风力6～7级，短时可达8级以上，大风持续时间视距气旋中心远近而定，距中心愈近，大风持续时间愈长。

1.5.3　引发台湾海峡大风的天气形势

1. 受热带气旋影响的天气形势

经过台湾附近的台风主要在7—9月，其中以8月最多，9月和7月次之。台风移动路径比较复杂，有向西北通过台湾南北两侧的，有在台湾东侧北上的，也有的从东向西移动进入南海北部的。其中，以横穿海峡，正面袭击福建、广东沿岸的影响最大，每次台风过境，都给海峡带来暴风骤雨和巨浪。台风在海峡掀起风浪也很惊人，如在福建近岸曾观测到 15 m 波高的巨浪。但当台风越过台湾山脉时，有时在台湾海峡形成副低压，把台风中心分为两个，常使其势力减弱。

2. 受寒潮和冷空气影响的天气形势

9 月末至翌年 3 月末的冬季风时期，因地形狭管效应，台湾海峡风向稳定，风力强劲，其中又以 11 月至翌年 2 月为最盛。冬季风盛行时期风力最大，大风频率最高，台湾及巴士海峡，频率在 40%～50%以上。9 月，东北季风可到达台湾海峡以南，形成台湾海峡大风区。10 月，冬季风可影响到 10°N地区，台湾及巴士海峡以西的大风频率猛增至 50%以上，到 1 月平均风速达到最大。

1.5.4 南海中北部大风

1. 基本特征

南海中北部海域是典型季风区，每年的 10 月至翌年的 5 月，冷空气活动频繁，是大风的多发季节，风向多偏北。靠近台湾海峡的区域，偏北大风具有“风大浪大”的特点，易对过往船只和海上作业的安全构成直接威胁。表 1.9 列出的是 1982—1986 年 10 月至翌年 5 月各海区的大风（大于等于 6 级）次数，南海中北部海域的偏北大风主要发生在其东部地区，并集中发生在 11 月至翌年 3 月。西部地区的大风次数不到东部地区的 1/6，且主要集中在 11 月至翌年 1 月，其余月份很少甚至几乎没有大风天气发生。

表 1.9　1982—1986 年南海中北部的偏北大风次数

月份	1 月	2 月	3 月	4 月	5 月	10 月	11 月	12 月	小计	平均
东部	9	11	9	5	1	2	13	16	66	13.2
西部	2	0	1	1	1	0	3	2	10	2.0

2. 引发大风的主要天气系统

（1）热带气旋

热带气旋是引发南海中北部海域大风的主要天气系统。但是，引发该海域大风的热带气旋的活动具有明显的季节性，通常 1—4 月很少有热带气旋生成，5 月生成的热带气旋个数逐渐增多，生成时的平均位置南北振荡明显，5—8 月由南向北，8 月达到最北，9—12 月由北向南，引发该海域大风的热带气旋主要在 14°～18°N，113°～120°E 的南海中部海域。热带气旋越强，其活动区域越偏东偏南，热带气旋越弱，其活动区域越偏西偏北，图 1.10 是

1949—2003 年 1°×1°经纬度范围内南海热带气旋发生的频数分布。

热带气旋引发的大风强度主要取决于热带气旋本身的强度和内部结构及其周围的环境流场特征，通常热带气旋中心附近的风最强，向外风速逐渐减弱。但有时会出现外围风速超过中心附近风速的现象，这种情况多出现在秋冬季节，我国大陆有冷空气向南爆发并与热带气旋发生相互作用，则会导致热带气旋北侧的气压梯度猛增，进而引发大风，在距热带气旋 500 km 以外的沿海地区都会有出现大风，风速可达 10～11 级及其以上（有时能超过热带气旋中心附近的风速）。

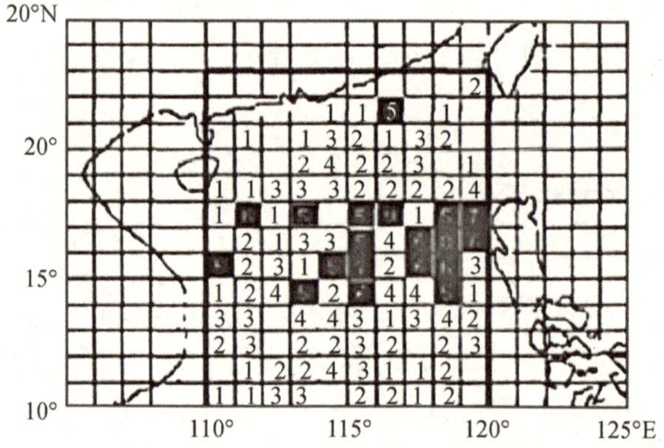

图 1.10　1949—2003 年 1°×1°经纬度范围内南海热带气旋频数分布

因此，该海域由热带气旋引发的大风的预报关键是提高热带气旋路径和强度的预报精度。热带气旋强度的突然变化，是造成预报精度不高甚至预报失误的主要原因。热带气旋的强度突变的季节性较为明显，突然增强的现象多发生在 4—11 月（9 月最多）的珠江口以西至海南岛东部海面以及东沙群岛和西沙群岛附近的海域，突然减弱的现象多发生在 4－12 月（7 月最多）热带气旋的登陆前后。

（2）寒潮和冷空气

每年的 11 月至翌年 3 月，受冬季风的控制，该海域频受寒潮冷空气的影响，盛行东北大风，并以 12 月出现的强东北大风日数为最多，图 1.11 是南海中北部各月出现的东北大风日数。

冷空气从关键区出发，到达南海中北部约需 4 d 左右时间，其南下的路径主要有：①东路冷空气由华东沿海经台湾海峡南下而至，其强度一般较弱，但这一类路径较多，约占总数的 46%。其前期环流的主要特征为，新地岛以东洋面上有较深低槽活动，低槽在东移过程中将洋面上的冷空气携入蒙古和华北北部，冷空气主体继续东移，但低层冷空气折向西南移动，经黄河下游到台湾海峡南下。②中路冷空气由两湖盆地南下而至，其强度一般较强，约占44%。其前期环流的主要特征为，乌拉尔山为阻塞高压，并逐步向东北方向发展，其南侧从贝加尔湖到雅库次克形成一条近似东西向的横槽，随着阻塞高压的崩溃，横槽转竖，堆积在槽后的冷空气大举南下。③西路冷空气约占10%，主要影响北部湾地区，引发的6～8级大风的持续时间通常约为12～24 h。其前期环流的主要特征为，中纬度环流平直，冷空气从巴尔喀什湖东移，由青藏高原东部经云贵高原南下。

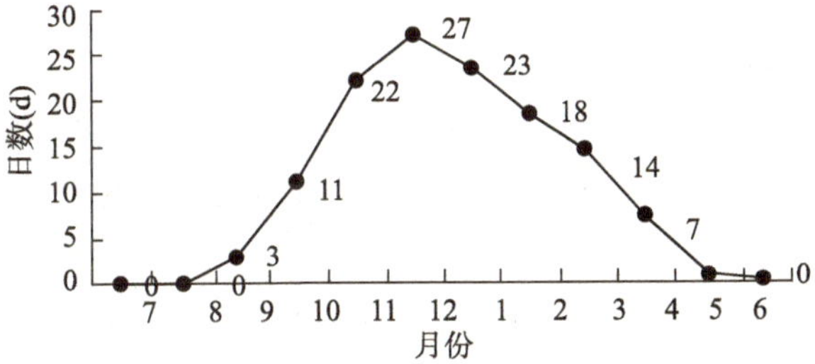

图 1.11　南海中北部各月出现的东北大风日数

该海域由寒潮冷空气引发的大风主要出现在冷锋过境后，因此，对冷空气的强度和路径的把握是预报该海域寒潮大风的关键。通常，将高空温度场的变化视为主要的指示因子，具体的预报指标包括：700 hPa锋区较强处南北10个纬距内温度差≥16℃；长沙站与广州站气压差≥7.0 hPa或芷江站与广州站气压差≥7.2 hPa；冷锋后3 h变压≥3.0 hPa。满足上述三个指标时，未来18～24 h内，南海中北部海域将出现6级或6级以上的偏北大风，三个指标的量值越大，偏北大风的风速值也越大。

1.5.5　南海南部大风

1. 基本特征

南海南部海区（12°N以南的南海海域）地处热带季风区，天气和气候变化随冬、夏季风的盛行和转换关系密切。常有大风（风力≥6级及其以上）天气过程出现。冬季风期间的大风日数较夏季风期间多，各月平均的大风日数以12月至翌年1月为多，7—8月次之（表1.10）。

无任是冬季风还是夏季风盛行期间，该海域北部（7°～12°N）的大风风力均比南部（0°～7°N）大，这是因为北部海区除受南来的气流影响外，还受来自孟加拉湾东行的西向气流影响，南沙群岛的永暑礁至太平岛以西附近海面是两路气流汇合处，因而受同一天气过程影响期间风力都比南部强。通常，冬季风盛行期间，北部海区的风力可达9级，而南部海区只有6～7级。夏季风盛行期间，北部海区风力可达 8 级，而南部海区只有 6 级。

表 1.10 各月平均大风日数（d）

站名	风向	月份												合计	总计
		1	2	3	4	5	6	7	8	9	10	11	12		
永暑礁	偏北	20.0	9.3	6.0	1.0	0	0	0	0.1	0	2.1	9.8	22.2	70.5	
	偏南	0	0	0	0	2.6	7.1	10.6	13.9	6.2	2.6	0.6	0	43.6	116.5
安渡滩	偏北	14.3	5.7	4.4	0.3	0	0	0	0	0	0.9	6.0	15.5	47.1	
	偏南	0.1	0	0	0	1.5	7.8	8.5	10.3	4.5	3.2	2.0	0.1	38.0	86.2

2. 引发大风的主要天气系统

除冷空气和热带气旋外，来自热带地区的热带辐合带、东风波、赤道反气旋及热带对流性云团等均能引发该海域的大风天气。

（1）冷空气

每年的 11 月至翌年 1 月，受冷空气影响，出现在南沙群岛附近海域的 6 级以上大风（风向多为东北风）日数平均每月都在 15 d 以上，其中 12 月和 1 月均可达约 20 d。

虽然南沙海区的纬度较低、冷空气在南下过程中不断减弱，但南沙海区因冷空气引发的东北大风的风力并不比南海北部沿海的风力小，而且其大风往往能维持相对更长的时间。有时，当冷锋刚刚到达 20°N 的海面时，在冷锋前数百千米范围内的南海地区，会出现东北风普遍增强的现象，其中南海南部比南海中北部的加强还要提早 1～2 d。这与东亚局部地区（以 12°N 为中心）的哈得来环流加强有关，该局地的哈得来环流的下沉运动由亚洲大陆的冷源驱动，其上升运动由海洋和大陆（即马来半岛和印尼群岛地区）的热源共同驱动，南海南部常位于该局地哈得来环流的中心附近，受其影响盛行东北风且较南海中北部强，而冷锋的南下加强了亚洲大陆的冷源，进而使局地哈得来环流得到加强，南海海域的东北风普遍加强，但南部更甚。同样的原因，造成了南海海域的东北季风的撤退并不是自南向北进行，而是北部和中部结束较早，南部结束较晚的现象。

（2）热带气旋

引发南海南部海域大风的热带气旋多集中在 10—12 月（高峰期为 11 月），其生成地点往往比较分散，生成后的移动方向多样，大风区的范围一般都比较小且不对称，大风的直径大多在 400～600 km 之间，8 级以上的大风过程持续时间通常不足 3 d，25 m/s 以上的大风区主要位于 8°～12°N 海区，30 m/s 的大风区域则主要集中在太平岛以西及以北附近海区。此外，南海南部海域的热带气旋有时会与热带地区的西南季风及南下的冷空气发生相互作用并引发大风天气。

①与西南季风的相互作用。南海海域附近的热带气旋在与西南季风发生相互作用时，往往会导致越赤道气流的加强并引发南海南部海域的大风天气。通常，盛夏至初秋，中心处于吕宋岛以东附近洋面并向偏西或向偏北移动，或沿菲律宾东岸北上的热带气旋，与热带盛行的西南季风发生相互作用，一方面使越赤道气流加强并影响南海南部海区，从而使该区域的西南季风得到加强并引发大风。另一方面，北上的越赤道气流又与热带气旋的大风环流连为一体，两者相互加强并引发大风。由此引发的大风常常能达 9 级，有时阵风可达 10～11 级，8 级以上大风的持续时间大多不足 4 d，6 级以上的大风过程的持续时间则可长达 5 d 及 5 d 以上。例如：1990 年 6 月 12—17 日，热带气旋沿菲律宾北上，热带气旋的环流与南海南部地区的越赤道气流连为一体，导致永暑礁出现 31 m/s 的最大风速，礁东南方海面测得的浪高达 6.7 m，巴拉巴克海峡测得的最大风速达 22.5 m/s，瞬时风速达 25.5 m/s 秒，8 级以上的大风过程持续了 4 d，6 级以上的大风天气过程持续了 6 d。

②与南下冷空气相互作用。中心位于澳大利亚西北部海区的热带气旋，在加强和移动过程中有时会与南下的冷空气发生相互作用，导致此气流从卡里马塔海峡越过赤道与热带气旋环流连为一体并相互加强，从而使南海海域的东北季风风力加强并引发大风。太平岛和永暑礁以西海面至纳土纳岛附近海面是受这种相互作用发生大风天气较为频繁的海域，其风速通常可达 20～22 m/s，6 级以上的大风过程持续时间通常可达 2～4 d。

（3）热带辐合带

热带辐合带是热带低纬度地区的重要天气系统之一，其位置并不固定，在夏季风的影响下，常发生南、北进退的波动，并有时会波及南海南部海域。由于热带辐合带内具有强烈的辐合辐散，从而导致近海面的大风发生。通常，在热带辐合带内发生的大风，风力并不很大，最大在 6～7 级，持续时间也较短，大都不足 1 d。

（4）东风波

位于热带低纬度地区的东风波也是引发南海南部海域大风天气的影响系统之一。受其影响引发的大风通常具有急风暴雨的特点，大风的持续时间一般不足 90 min，每 4 min 记录一次的平均风速值都在 6 级以上，且风速变化的连续性也较稳定，其间的最大风速可达 19.8 m/s。

（5）赤道反气旋

从卡里马塔海峡北上的越赤道气流，当强度较强时，其伴随的赤道反气旋通常会引发南海南部的大风天气。在这种情况下，南海南部海域的西部和北部海区大多处于赤道反气旋的西北缘，强气流呈带状分布并不断向北推进，导致南海南部海域的西部和北部海区出现大风，近海面的风力在 6 级以上，最大可达 20.6 m/s，大风过程的持续时间通常不足 3 d。

（6）对流性云团

南海南部海域，纬度较低，海表面温度较高，是对流云团的高发区，强的对流云团伴有强的上升运动和低层辐合，而低层的强烈辐合即可引发近海面的大风。南海南部海域，全年各月均可发生对流云团，并以积雨云和浓积云为主。夏季风期间的对流比冬季风期间的多，3—4 月份最少。由积雨性对流云团引发的大风的持续时间大多在 15～55 min，瞬时最大风速可达 29.5 m/s，持续时间在 20 min 以上的大风，其平均风速值最大可达 16 m/s。由浓积云引发的大风的持续时间为 8～35 min，瞬时最大风速可达 23.0 m/s，持续时间在 10 min 以上的大风，其平均风速值最大可达 15.2 m/s。

1.6 地方性大风

因特殊地理位置、地形或地表性质等影响产生的局部范围的风，为地方性风。它们的形成原因有地形的动力作用或下垫面的热力作用，或者是综合作用的结果。常见的地方性风有峡谷风、海陆风、山谷风、焚风、布拉风等。

1.6.1 峡谷风

当气流由开阔地带流入地形构成的峡谷时，由于空气质量不能大量堆积，于是加速流过峡谷，风速增大。当流出峡谷时，空气流速又会减缓，这种地形峡谷对气流的影响，称为“狭管效应”。由狭管效应而增大的风，称为峡谷风或穿堂风。峡谷风的特点是风速大，气流强。著名的分布区域是我国的台湾海峡、松辽平原等喇叭地形处。

1.6.2 海陆风

在海滨地区，只要天气晴朗，白天风总是从海上吹向陆地。到夜里，风则从陆地吹向海上。从海上吹向陆地的风，叫做海风。从陆地吹向海上的风，称为陆风（如图 1.12）。气象上常把两者合称为海陆风。

海陆风和季风一样，都是因为海陆分布影响所形成的周期性的风。不过海陆风是以昼夜为周期，而季风的风向却随季节变化，同时海陆风范围也比季风小。那么海陆风是如何形成的呢？

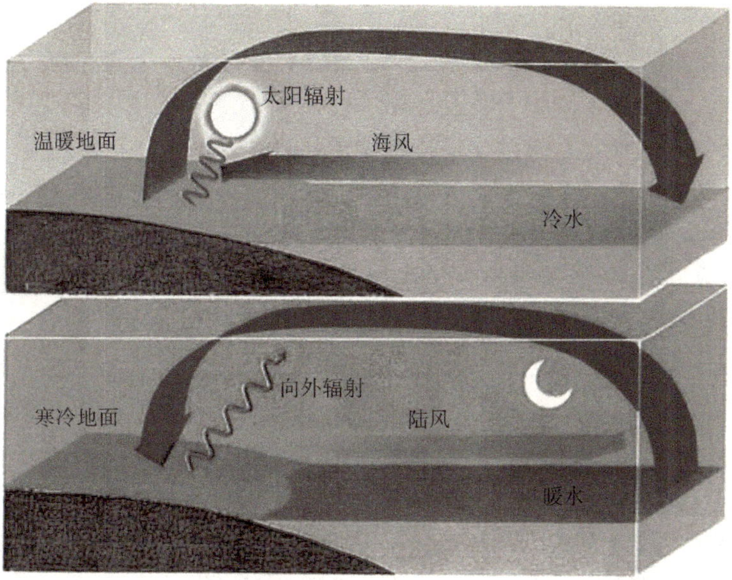

图 1.12　海陆风示意图

白天，陆地上空气增温迅速，而海面上气温变化很小。这样，温度低的地方空气冷而下沉，接近海面上的气压就高些。温度高的地方空气轻而上浮，陆地上的气压便低些。陆地上的空气上升到一定高度后，它上空的气压比海面上空气压要高些。因为在下层海面气压高于陆地，在上层陆地气压又高于海洋，而空气总是从气压高的地区流到气压低的地区，所以，就在海陆交界地区出现了范围不大的垂直环流。陆地上空气上升，到达一定高度后，从上空流向海洋，在海洋上空，空气下沉，到达海面后，转而流向陆地。这支在下层从海面流向陆地，方向差不多垂直海岸的风，便是海风。

夜间，情况变得恰恰相反，陆地上，空气很快冷却，气压升高。海面降温比较迟缓（同时深处较温暖的海水和表面降温之后的海水可以交流混合），因此比起陆面来仍要温暖得多，这时海面是相对的低气压区。但到一定高度之后，海面气压又高于陆地。因此，在下层的空气从陆地流向海上，在上层的空气便从海上流向陆地。在这种情况下，整个垂直环流的流动方向，也变得和前面海风的垂直环流完全相反了。在这个完整的垂直环流的下层，从陆地流向海洋，方向大致垂直海岸的气流，便是陆风。

一般海风比陆风要强。因为白天海陆温差大，加上陆上气层较不稳定，所以有利于海风的发展。而夜间，海陆温差较小，所波及的气层较薄，陆风也就比较弱些。海风前进的速度，最大可达 5～6 m/s，陆风一般只有 1～2 m/s。滨海一带温差大，海陆风强度也大，随着远离海岸，海陆风便逐渐减弱。

海陆风发展得最强烈的地区，是在温度日变化最大以及昼夜海陆温度差最大的地区。所以在气温日变化比较大的热带地区，全年都可见到海陆风。中纬地区海陆风较弱，而且大多在夏季才出现。高纬地区，只有夏季无云的日子里，才可以偶尔见到极弱的海陆风。我国沿海的台湾省和青岛等地，海陆风很明显，尤其是夏半年，海陆温差及气温日变化增大，所以海陆风较强，出现的次数也较多。而冬半年的海陆风就没有夏半年突出，出现机会比较少。

以水平范围来说，海风深入大陆在温带约为 15～50 km，热带最远不超过 100 km。陆风侵入海上最远 20～30 km，近的只有几千米。以垂直厚度来说，海风在温带约为几百米，热带也只有 1～2 km，只是上层的反向风常常要更高一些。至于陆风则要比海风浅得多了，最强的陆风，厚度只有 200～300 m，上部反向风仅伸达 800 m 左右。在我国台湾省，海风厚度较大，约为 560～700 m，陆风为 250～340 m。

海陆风交替的时间随地方条件及天气情况而不同。陆地温度高于海洋的时间，一般为下午 14—15 时，这时候的海风最强。此后温度逐渐下降，海风便随着减弱，约在晚上 21—22 时，海陆温差没有了，海风也就停止了。夜里，陆地温度降得快，海洋温度比陆地下降得慢些，因此，在晚上 21—22 时以后，陆上变冷了，海上反而暖些。海陆温差的趋向改变了，海陆风的方向也改变了。从 21—22 时的一度平静无风之后，接着微弱的陆风就开始了，这以后，海陆温差逐渐增大，陆风也越来越强，大约凌晨 02—03 时左右，温差最大，这时的陆风也最强。天亮后，陆地渐渐暖起来，海陆温差越来越小，陆风逐渐减弱。约在上午 9—10 时左右，海陆温差又消失了，陆风随着终止。海风和陆风消失的时间，也正是从海风转为陆风（晚上 9—10 时）或从陆风转为海风（上午 9—10 时）的过渡时间。

海陆风必须在静稳的天气条件下才可以看得到，如果有强烈的天气系统，如飑线、风暴一类的天气系统出现时，就看不到海陆风的现象了。此外，如果是阴天，陆风吹刮的时间往往拖延很长，而海风出现的时间便一直推后下去，有时甚至迟到 12 时左右才开始。

海风登陆带来水汽，使陆地上湿度增大，温度明显降低，甚至形成低云和雾。夏季沿海地区比内陆凉爽，冬季比内陆温和，这和海风有关。所以海风可以调节沿海地区的气候。

1.6.3 布拉风

布拉风常发生在黑海东北部、亚德里亚海的东北部海岸（南斯拉夫北部海岸）以及地中海西北角，法国利翁湾等也都有这种寒冷大风（当地叫做密司曲拉风）。这种风是因为在不太高的寒冷高原上的严寒空气，受暖海面上暖而气压低的气流的吸引倾泻而下的一种极严寒的地方性风。它还曾吹翻火车，冻死不耐寒的亚热带植物，破坏建筑物等造成重大经济损失，但达到灾难性程度的次数一般并不很多。

布拉风形成的直接原因是气压差。当冷空气被山脉或高地阻挡聚集起来，形成了很高的气压，而温暖的海面上空却处于暖空气低气压控制，这时，在气压梯度力的作用下，山上或高地的冷空气会从高压区流向低压区，冷而重的空气像瀑布一样直泻山麓，冷空气的势能转化成动能，犹如从山坡上滚下来的石头越滚越快一样，使到达海岸的风速骤然增大。由于冷空气来源于高寒地带，温度很低，它过山下降时虽有绝热增温效应（当空气和外界不发生热量交换，气压增高时，空气因压缩而增温），但比背风坡原来的气温还是低得多，因此，布拉风所经之处，气温会迅速降低。凡地处高寒山区，又面临温暖海面的地形，都有发生布拉风的可能。

1.7 全球和我国近海主要大风灾害案例

1959 年 4 月 11 日凌晨 3 时，江苏省吕泗渔场遭受风暴灾害。苏、浙、闽、沪 3000 余艘渔船在围捕小黄鱼时突遇大风，沉船 270 艘，死亡失踪 1600 余人。我国黄海南部的江苏吕泗渔场盛产小黄鱼、大黄鱼、带鱼，吸引着六省一市的千艘渔船。1950 年代末，大批木帆船被组织北上到吕泗渔场生产，其中的许多人是第一次离开浙江近海远航作业。这些渔民都不了解吕泗渔场特殊的海底地形，更不懂得浙江、江苏海洋条件的差异。1959 年 4 月 11 日凌晨起，渔场洋面偏东风力突然增大到 8～9 级，阵风 10～11 级，沿岸潮位猛涨，海浪很高。由于技术设备落后，通讯指挥避风困难，大风猝发时，整个渔场 5000 多艘渔船中仍有半数以上还在继续作业。当时，浙江渔民见遇上风暴，就依照老习惯回港避风，随东风涨潮往岸边靠，只有少数遇难。有一些渔船在落潮时驶到暗沙的近岸处，这时沙地露出水面，人们以为已到陆地，纷纷抛锚弃船落沙而走。谁知那只是一条长约 20～30 km 的潮间带，潮水不久便蜂拥而至，人们还是九死一生。

1964 年 4 月 5 日的大风，阵风达到 40 m/s。大连金县远洋捕捞船“大白蓬”于黄海颠覆，12 名渔民全部遇难，该县大孤山渔民也遇难 5 人，全县共计损失大木船 9 只、小船 23 只、网具 150 件，总价值 12 万元。复县的海上大风也使西杨渤海渔业队 22 名渔民遇难。

1990 年 12 月 21 日，海上出现阵风 9 级偏西大风，旅顺口区海上捕捞损失巨大，死亡 11 人，损坏渔船 11 条，为该区罕见的海上灾害事故。

1995 年 11 月 7 日由寒潮巨浪引发的沉船事故非常严重，这次巨浪过程受灾范围之广，损失之惨重为历史所罕见。这次寒潮来势迅猛，南下速度极快。11 月 6 日夜间至 7 日，渤海、黄海及东海先后出现 7～8 级的偏北大风，部分海区风力高达 9 级，阵风 10～12 级，浪高 5.0 m。11 月 7 日凌晨，巨浪袭击山东沿海，山东省共有 229 艘渔船被毁或沉没，47 艘渔船失踪，31 人死亡，121 人失踪。据了解，在这次寒潮巨浪过程中，江苏、上海、浙江和福建沿海也有大量渔船翻沉。同时，航行在黄海和东海海面上的数艘海轮也受此次巨浪过程影响而遇险。航行在连云港外海的 2500 t 海轮“巨阳”号受大风浪袭击而沉没，25 人遇难。11 月 7 日 15 时左右，载重 3000 t 的轮船“展望”号装载 2500 t 钢材，由天津驶往福州途中，在上海外海（31°18′03″N，122°04′53″E）遭巨浪袭击进水而沉没，船上 22 人全部遇难。11 月 7 日 18 时左右，载重 11000 t 的货轮“华珠 1 号”装载 8625 t 块煤，由天津驶往上海途中，在上海外海（31°41′48″N，122°45′18″E）遇险沉没，船上 30 人全部遇难。此次寒潮巨浪共造成三艘海轮、14 艘驳船、270 余艘渔船翻沉或被毁，死亡和失踪 220 余人，直接经济损失超过 10 亿元。

1999 年 11 月 24 日，受冷空气影响，渤海出现 5 m 的巨浪。山东烟台市“大舜”号客货混装船，在距烟台牟平养马岛 5 n mile 处海面失火后，被巨浪推翻沉没，造成死亡、失踪 280 人的特大海难事故。

0104 号台风“尤特”于 7 月 6 日在广东省东部沿海地区登陆，遭遇天文大潮，珠江口及粤东多个潮位站的最高潮位超过了有记录以来的最高潮位。当日，粤东的东溪口潮位站最高潮位 317 cm，超历史记录 9 cm。海门潮位站最高潮位 262 cm，超历史记录 57 cm。港口潮位站最高潮位 175 cm，超历史记录 15 cm。7 月 7 日，珠江内河的广州潮位站最高潮位 262 cm，超历史记录 18 cm。珠江口以东所有潮位站的过程最大增水均超过 100 cm，其中妈屿、东溪口和海门的最大增水超过了 200 cm。受其影响，福建省受灾人口 158.75 万人，死亡 7 人，损坏堤防 195 处，决口 6 处，冲毁塘坝 231 座。直接经济损失约 6.9 亿元。广东省汕头市区大部分进水，共有 30 多条马路受浸，最大水深 1.2 m，损坏房屋 6339 间，倒塌房屋 1030 间。农作物受灾面积 3.06 万 hm^2，水产养殖损失 1.24 万 t。损坏堤防 159 处 61.54 km，决口 18 处。潮灾中死亡 3 人，伤 4 人，经济损失 8.984 亿元。揭阳市部分城镇和村庄受浸，电力、供水中断，交通受阻。惠来城区几乎全部被淹，最深处1.2 m，水产养殖损失 3.58 万 t，损坏堤防 85 处 16.2 km，决口 2 处，损坏护岸 390 处，死亡 2 人。

潮州市沿海海堤受损，多处决口，因潮水顶托，致使农作物、鱼塘受浸，部分民房、厂房和仓库受淹，水产养殖损失 1.52 hm^2 0.66 万 t，冲毁塘坝 36 座。另外汕尾市受风暴潮影响，也受到不同程度的损失，损坏堤防 204 处 57 km，决口 17 处，损坏护岸 685 处，冲毁塘坝 1169 座，水产养殖损失 1.08 万 hm^2 5.6 万 t。死亡 7 人。广东省全省直接经济损失 24.5 亿元，属于特大潮灾。

2002 年 10 月 19 日的大风浪过程，10 月 18—21 日受强冷空气与东海气旋影响，渤海、黄海出现 4～5m 巨浪。河北省昌黎县外海沉没船舶 2 艘，失踪 2 人，直接经济损失 60 万元。山东省潍坊市寒亭区、滨州市沾化县、无棣县水产受灾面积 8200 hm^2，堤防损毁 10.5 km，直接经济损失 1100 万元。江苏省启东沿海沉没船舶 5 艘，死亡 10 人，直接经济损失 750 万元。

2002 年 11 月 13 日，一艘载有 7.7 万 t 燃料油的希腊公司的巴哈马籍油轮“威望号”驶至距西班牙度假胜地加利西亚大区 9 km 的海域时遭遇 8 级大风，触礁搁浅，船体出现一个长 35 m 的大裂口，燃油开始大量外泄。西班牙政府立即派遣海上救援船只和直升机将油轮上的 27 名船员救到安全地带，并派 4 艘拖船将“威望号”拖到公海海域。19 日该船被大风吹向葡萄牙方向，并在距葡海域约 93 km 处断为两截，沉入 3600 m 深的海底。这次事故对当地的生态环境造成巨大灾难，海岸上一些支流、沼泽以及草地植被污染严重。

1.8　海上大风灾害的预警预报和预防减灾对策

1.8.1　海上大风的监测预警和预防

海上大风灾害的预报预警需要把对海区大风特性的宏观认识，和依托现代化观测手段的实时监测，以及以数值预报为基础的预报预警技术这三者有机结合在一起。

海区大风特性的宏观认识除了由各类天气过程引发的大风外，还要考虑海区的大风具有明显的季风特征、由地形等因素影响而存在的特殊大风区等。以渤海为例，冬季盛行偏北风，以西北风为主，风向稳定，风力较强。夏季盛行偏南风，风向不很稳定，风力较弱。渤海海峡和山东半岛的成山角附近，为有名的大风地带，在同一天气系统的影响下，风力比其他地区大 1～2 级。

建立和完善海陆空三维一体的观测体系，充分利用多种观测资料对海域天气做多要素的数值预报，为海区风浪预报提供可靠依据。海上多要素自动气象站、海岛测风站、近海浮标、气象志愿船的建设和设立，沿海陆上天气雷达、风廓线仪、中尺度气象站的监测、气象卫星的监测，将给我们对海上大风的监测和预报提供及时、有效的预报依据。

提高海洋气象预报预警的科技含量和客观化、自动化水平。研究高分辨率的全球海洋一大气耦合模式和区域海洋—大气耦合模式以及台风模式等专业模式，加快发展大气海洋资料四维变分同化技术，提高大气海洋综合探测资料同化、融合与应用水平，加快精细预报技术方法的开发应用，进一步提高海洋气象数值预报产品的准确率，延长海洋气象灾害的预报、警报时效，研究建立各种海上风浪的客观预报方法，提高对海洋风浪灾害的预警预报能力，建立完善海洋风浪预警预报系统，提高对海上运输、海难救援的气象服务保障能力，开发和改进保障远洋运输、渔业安全的气象导航业务系统。

海洋灾害的预防策略是建立沿海与周边海域的风浪、风暴潮、海啸等灾害的监测预警系统，形成监测监视准确、信息处理高效、预警预报及时、通信网络畅通的海上风浪、海雾、风暴潮、海啸等海洋灾害防御预防体系。建立健全海洋灾害信息综合集成、分析处理的灾害预警预报机制，提前发布预警预报信息，为处置海洋灾害提供技术保障，为抢险救灾争取时间，最大限度地减少灾害损失。建立地方多部门协同防御体系，全面调查影响本地海洋灾害的影响规律，研究海洋灾害发生的潜在威胁与相应的监测预警技术。在全球气候变化背景下，深入开展海平面上升对沿海海塘、海岸、港口、码头等海岸工程灾害防御能力影响的研究，加强沿海警戒潮位的重新核定工作，提升沿海的抗风险能力。

1.8.2 大风的预警信号及防御

在中国气象局颁发的《发布突发气象灾害预警信号及防御指南》中，台风和大风的预警信号都分为四个级别，分别以蓝色、黄色、橙色和红色表示。

1. 台风预警信号及防御

台风蓝色预警信号：24 h 内可能或者已经受热带气旋影响，沿海或者陆地平均风力达 6 级以上，或者阵风 8 级以上并可能持续。

台风黄色预警信号：24 h 内可能或者已经受热带气旋影响，沿海或者陆地平均风力达 8 级以上，或者阵风 10 级以上并可能持续。

台风橙色预警信号：12 h 内可能或者已经受热带气旋影响，沿海或者陆地平均风力达 10 级以上，或者阵风 12 级以上并可能持续。

台风红色预警信号：6 h 内可能或者已经受热带气旋影响，沿海或者陆地平均风力达 12 级以上，或者阵风达 14 级以上并可能持续。

台风预警信号的图标见图 1.13 所示。

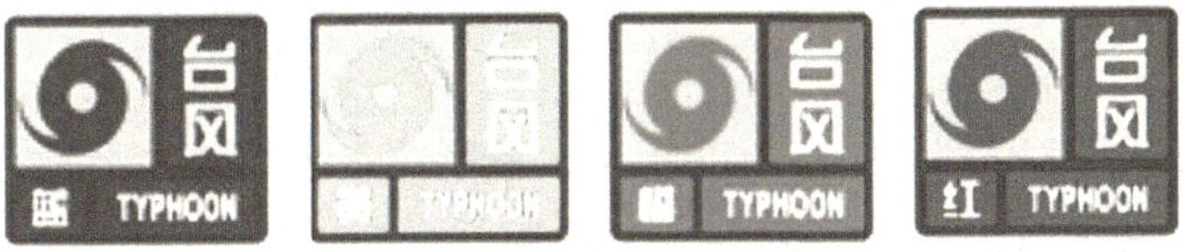

图 1.13 台风预警信号图标

台风防御指南规定：

当发布台风蓝色预警信号时：政府及相关部门按照职责做好防台风准备工作；停止露天集体活动和高空等户外危险作业；相关水域水上作业和过往船舶采取积极的应对措施，如回港避风或者绕道航行等；加固门窗、围板、棚架、广告牌等易被风吹动的搭建物，切断危险的室外电源。

当发布台风黄色预警信号时：政府及相关部门按照职责做好防台风应急准备工作；停止室内外大型集会和高空等户外危险作业；相关水域水上作业和过往船舶采取积极的应对措施，加固港口设施，防止船舶走锚、搁浅和碰撞；加固或者拆除易被风吹动的搭建物，人员切勿随意外出，确保老人小孩留在家中最安全的地方，危房人员及时转移。

当发布台风橙色预警信号时：政府及相关部门按照职责做好防台风抢险应急工作；停止室内外大型集会、停课、停业（除特殊行业外）；相关水域水上作业和过往船舶应当回港避风，加固港口设施，防止船舶走锚、搁浅和碰撞；加固或者拆除易被风吹动的搭建物，人员应当尽可能待在防风安全的地方，当台风中心经过时风力会减小或者静止一段时间，切记强风将会突然吹袭，应当继续留在安全处避风，危房人员及时转移；相关地区应当注意防范强降水可能引发的山洪、地质灾害。

当发布台风红色预警信号时：政府及相关部门按照职责做好防台风应急和抢险工作；停止集会、停课、停业（除特殊行业外）；回港避风的船舶要视情况采取积极措施，妥善安排人员留守或者转移到安全地带；加固或者拆除易被风吹动的搭建物，人员应当待在防风安全的地方，当台风中心经过时风力会减小或者静止一段时间，切记强风将会突然吹袭，应当继续留在安全处避风，危房人员及时转移；相关地区应当注意防范强降水可能引发的山洪、地质灾害。

2. 大风预警信号及防御

大风蓝色预警信号：24 h 内可能受大风影响，平均风力可达 6 级以上，或者阵风 7 级以上；或者已经受大风影响，平均风力为 6～7 级，或者阵风 7～8 级并可能持续。

大风黄色预警信号：12 h 内可能受大风影响，平均风力可达 8 级以上，或者阵风 9 级以上；或者已经受大风影响，平均风力为 8～9 级，或者阵风 9～10 级并可能持续。

大风橙色预警信号：6 h 内可能受大风影响，平均风力可达 10 级以上，或者阵风 11 级以上；或者已经受大风影响，平均风力为 10～11 级，或者阵风 11～12 级并可能持续。

大风红色预警信号：6 h 内可能受大风影响，平均风力可达 12 级以上，或者阵风 13 级以上；或者已经受大风影响，平均风力为 12 级以上，或者阵风 13 级以上并可能持续。

大风预警信号的图标见图 1.14 所示。

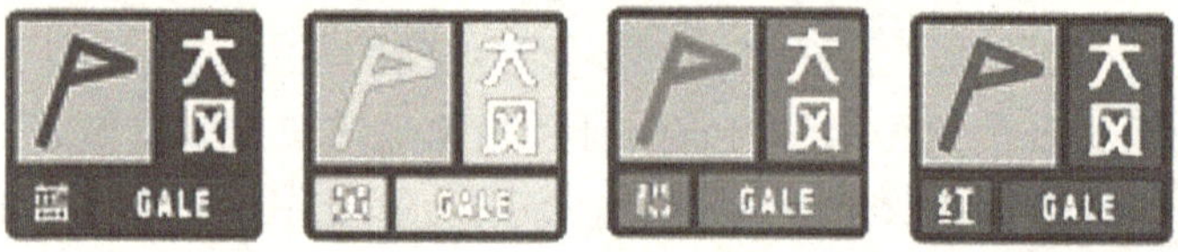

图 1.14　大风预警信号图标

大风防御指南规定：

当发布大风蓝色预警信号时：政府及相关部门按照职责做好防大风工作；关好门窗，加固围板、棚架、广告牌等易被风吹动的搭建物，妥善安置易受大风影响的室外物品，遮盖建筑物资；相关水域水上作业和过往船舶采取积极的应对措施，如回港避风或者绕道航行等；行人注意尽量少骑自行车，刮风时不要在广告牌、临时搭建物等下面逗留；. 有关部门和单位注意森林、草原等防火。

当发布大风黄色预警信号时：政府及相关部门按照职责做好防大风工作；停止露天活动和高空等户外危险作业，危险地带人员和危房居民尽量转到避风场所避风；相关水域水上作业和过往船舶采取积极的应对措施，加固港口设施，防止船舶走锚、搁浅和碰撞；切断户外危险电源，妥善安置易受大风影响的室外物品，遮盖建筑物资；机场、高速公路等单位应当采取保障交通安全的措施，有关部门和单位注意森林、草原等防火。

当发布大风橙色预警信号时：政府及相关部门按照职责做好防大风应急工作；房屋抗风能力较弱的中小学校和单位应当停课、停业，人员减少外出；相关水域水上作业和过往船舶应当回港避风，加固港口设施，防止船舶走锚、搁浅和碰撞；切断危险电源，妥善安置易受大风影响的室外物品，遮盖建筑物资；机场、铁路、高速公路、水上交通等单位应当采取保障交通安全的措施，有关部门和单位注意森林、草原等防火。

当发布大风红色预警信号时：政府及相关部门按照职责做好防大风应急和抢险工作；人员应当尽可能停留在防风安全的地方，不要随意外出；回港避风的船舶要视情况采取积极措施，妥善安排人员留守或者转移到安全地带；切断危险电源，妥善安置易受大风影响的室外物品，遮盖建筑物资；机场、铁路、高速公路、水上交通等单位应当采取保障交通安全的措施，有关部门和单位注意森林、草原等防火。

第2章 风暴潮

2.1 风暴潮的定义

风暴潮是指在强烈天气系统（热带气旋、温带气旋、强冷空气等）作用下所引起的海面异常升高现象。当正好遇上天文潮的高潮阶段，可导致潮位暴涨，严重危及沿海地区生命和财产安全。风暴潮有时也被称为“风暴增水”或“气象海啸”等。国内外常采用实测潮位与正常潮位预报值的代数差来计算风暴潮的增水值。但也有时由于离岸大风长时间吹刮，致使岸边水位剧降，有人称这种海面异常下降现象为“负风暴潮”或“风暴减水”。

形成严重风暴潮的条件有三个（如图 2.1）：一是强烈而持久的向岸大风；二是有利的岸带地形，如喇叭口状港湾和平缓的海滩；三是天文大潮配合。根据不同的条件，风暴潮的空间范围一般由几十千米至上千千米不等。

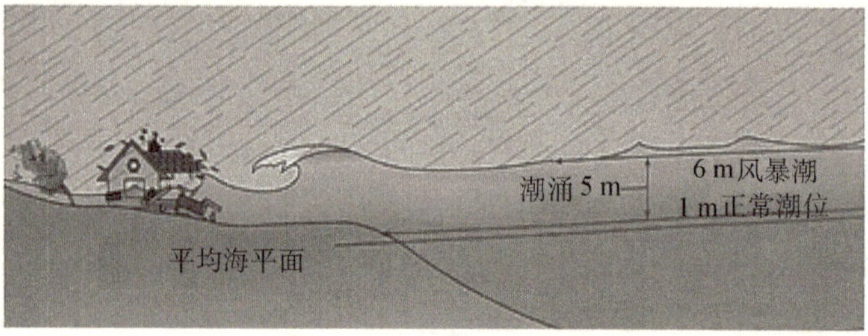

图 2.1　风暴潮示意图

2.2 风暴潮的分类

根据造成风暴潮的不同类型天气系统，常把风暴潮分成台风（飓风）风暴潮和温带风暴潮两大类。不同类型的大气扰动所引起的风暴潮特点不一样。

由于热带气旋（习惯称台风）强度强，移动迅速，所产生的风暴潮增水大，其危害也大，相对而言温带气旋、强冷空气等天气系统大气扰动强度较弱、影响时间较长，所引起的风暴潮的增水相对地不急剧，但持续时间比较长。

2.2.1 台风风暴潮

每年夏秋是台风多发季节，登陆我国东南沿海地区的台风频繁，平均每年有7～8个。常见的台风直径有1000 km左右，当台风来临之时，依距离台风中心的远近，沿海验潮站记录的水位变化表现出不同的特征。全过程可划分为三个阶段：初振阶段、激振阶段和余振阶段。图2.2是2005年0518号台风“达维”登陆海南省期间，清澜验潮站记录到的风暴潮增水过程曲线。

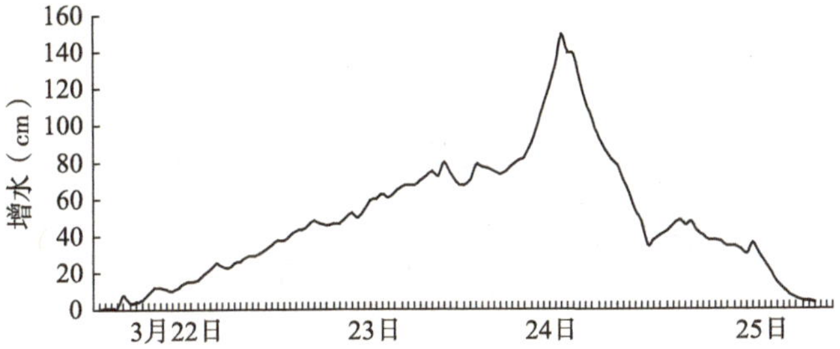

图2.2 2005年0518号台风“达维”登陆海南省期间，清澜验潮站记录到的风暴潮增水过程曲线

在初振阶段，远离台风中心的验潮站开始记录到来自台风扰动区域的长周期波（先兆波）增水，一般只有20～50 cm，台风强度越强、尺度越大、移速越慢，则岸边出现的增水越久，增水持续时间越长。图2.2中25日02时清澜站增水为50 cm时，距台风中心约450 km。

当台风中心进一步移近海岸线时，水位由初振阶段进入激振阶段，风暴潮位激剧升高，并在登陆前后几小时内达到过程增水的最大值。观测和数值计算表明，登陆开阔海域台风尺度越大、移速越慢，引起岸边的最大增水发生在登陆前几小时内，反之，最大增水发生在登陆后几小时内。激振阶段的持续时间一般为在6 h以内，通常移速慢、尺度大的台风引起的风暴潮激振阶段持续时间长。图2.2中26日00时前后的几个小时为风暴潮激振阶段。1961年9月7—11日“卡拉”飓风影响期间美国加尔维斯顿的风暴潮激振阶段时间超过2 d，最大增水约为2.7 m，其中增水1.5 m以上的持续时间近50 h，“卡拉”飓风是少见的强度强、范围大、移速慢的热带气旋。

当台风登陆以后或远离验潮站之后，风暴潮位处于余振阶段，水位逐渐向正常状态恢复，余振阶段的持续时间一般为 1 d 左右，长的有 2～3 d。

在北半球台风是一个逆时针旋转的涡旋，当台风靠近海岸线时，台风前进方向的右测风向岸吹，它使海水朝向岸边流动、堆积，而台风左半侧通常吹离岸风，因此在其他条件相同的情况下，最大风暴潮增水常出现在登陆点的右侧海岸。图 2.3 是 2007 年 0709 号强台风“圣帕”登陆福建中部时海面风场和风暴潮位的分布。

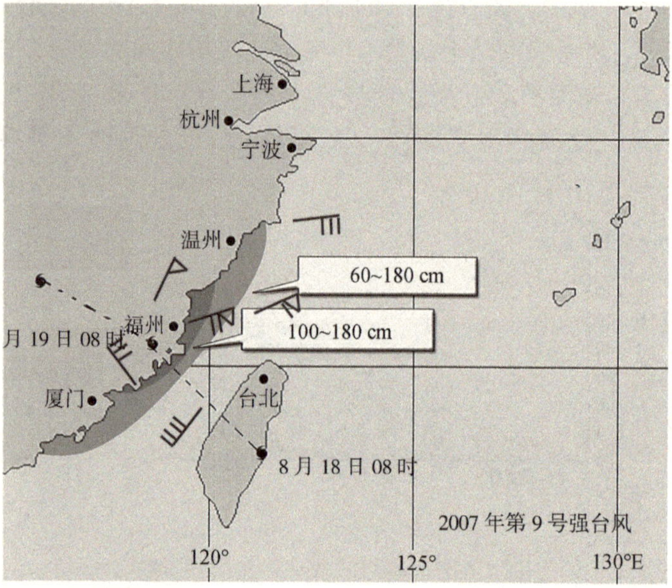

图 2.3　2007 年 0709 号强台风“圣帕”登陆福建中部时海面风场和风暴潮位的分布

2.2.2　温带风暴潮

温带风暴潮由西风带天气系统引起，这类天气系统包括温带气旋和冷锋等，我国长江口以北的黄、渤海沿岸是温带风暴潮的多发区，其中莱州湾和渤海湾沿岸是重灾区。

1. 冷锋配合温带气旋类

此类气旋多发生于春秋季节，渤海湾和莱州湾的风暴潮主要属于此种类型。温带气旋主要是黄海气旋和渤海气旋，典型的地面气压场的特点是，渤海中南部和黄海北部处于北方冷高压的南缘，南方气旋的北缘，构成“北高南低”的天气形势，在东—东北风的作用下，大量海水涌向渤海湾和莱州湾，导致强烈的风暴潮。图 2.4 是 1969 年 4 月 22—24 日的一次典型例子，莱州湾边的羊角沟站最大增水 3.55 m，是这类天气形势有记录以来引起增水的最大值，居世界首位。羊角沟 4 月 23 日 13 时记录到过程最大风速 34．9 m/s，16 时记录到最高潮位 6．74 m，处于当地平均海平面之上 3.66 m，3 m 以上的增水持续 8 h（23 日 16—23 时），1 m 以上的增水持续 38 h。这次风暴潮在 2～3 h 内就冲破了 70 km 长的海岸线，向陆地推进了 30～40 km，酿成了一次非常最严重的温带风暴潮灾害。

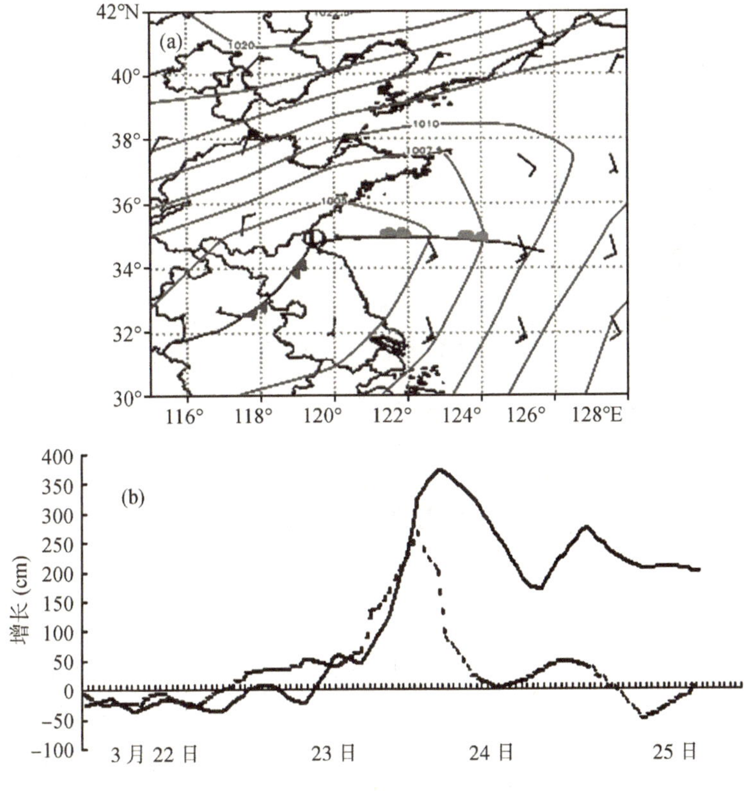

图 2.4　1969 年 4 月 22—24 日的温带风暴潮过程（a）23 日 14 时地面天气形势；（b）各测站增减水过程曲线。实线：羊角沟；虚线：塘沽。

2. 冷锋类

西伯利亚—蒙古冷高压东移南下，但无南方低压配合，冷锋掠过渤海和黄海造成东北大风，致使渤海湾、莱州湾和江苏省北部沿岸易发生风暴潮。此类的风暴潮增水幅度一般在 1～2 m 之间，比前一类低，加之多发生在冬季、初春和深秋的枯水季节，成灾机会少。

3. 强孤立温带气旋类

指无明显冷高压与之配合的、暖湿气流活跃的那种气旋。这类风暴潮往往在春秋季和初夏期间发生。渤海有验潮记录以来的这类风暴潮的最大值是 2.19 m。

2.3 风暴潮的等级

风暴潮的强度可以由风暴潮增水的多少来划分，一般把风暴潮分为 7 级，详见表 2.1。

表 2.1 风暴潮强度等级

级别	名称	增水（cm）
0	轻风暴潮	30～50
1	小风暴潮	51～100
2	一般风暴潮	101～150
3	较大风暴潮	151～200
4	大风暴潮	201～300
5	特大风暴潮	301～450
6	罕见特大风暴潮	≥450

2.4 全球及我国风暴潮灾害概况

2.4.1 全球风暴潮灾害概况

全球来看，美国、日本、印度、孟加拉国、中国、菲律宾、英国等是风暴潮灾害多发国家。中外历史上严重的风暴潮灾害事例不胜枚举。风暴潮往往伴随着狂风巨浪，导致水位暴涨，堤岸决口，农田淹没，房舍倒塌，人畜伤亡，酿成巨大灾害。全球受热带气旋影响比较严重的地区是孟加拉湾沿岸、西北太平洋沿岸、美洲东海岸，因此那里的风暴潮灾害也比较严重。

1970 年 11 月 12—13 日孟加拉湾特大风暴潮，曾使 20 余万人丧命，100 万人无家可归。1991 年 4 月 29 日孟加拉湾再次遭受特大风暴潮袭击，近 100 万栋房屋倒塌，死亡人数超过 12.5 万人。1900 年 9 月 8 日，美国墨西哥湾沿岸加尔维斯顿遭受一次强风暴潮袭击，6 千余人被淹死。

2005 年 8 月 29 日，“卡特里娜”飓风及引发的风暴潮（图 2.5）袭击了世界上最富有、科技最发达的美国，海水淹没了地势低于海平面的新奥尔良等地，100 多万户家庭断电；大批房屋建筑被淹，1417 人在灾中遇难，导致墨西哥湾沿岸的石油工业陷入瘫痪，能源设施破坏严重，由此引发全国汽油价格飙升，创历史新高。它以造成迄今为止世界上经济损失最大（1000 多亿美元）的一次自然灾害而震惊全球。

温带气旋风暴潮在中纬度海洋国家沿海各地常可见到。欧洲北海沿岸诸国、美国东海岸以及中国的渤海都常有温带风暴潮出现。1953 年 1 月 31 日—2 月 2 日，欧洲北海沿岸一次强温带风暴潮，在 24 h 内英国就有 300 人被淹死，2.4 万余座房屋被摧毁；荷兰 2000 余人死亡。1895 年 4 月 28—29 日发生在天津沿海的灾难性温带风暴潮就夺去了 2000 余人的性命。

图 2.5　卡特里娜飓风引发的风暴

2.4.2　我国风暴潮灾害概况

在全球 8 个台风生成区中，西北太平洋生成区频率最高，占全球总数的 36%，同时，西北太平洋的台风强度也是全球热带气旋中最强的。在西北太平洋沿岸国家中，我国受台风登陆袭击次数最多，占各区域内登陆总数的 34%，它主要集中在夏、秋季节；冬春季节影响我国的冷空气和温带气旋活动频繁，常形成大风天气，加上近海大陆架水域较浅，岸带上众多的河湾、宽阔的滩涂有利于风暴潮的充分发展。因而，我国风暴潮灾一年四季均有发生，受灾区域几乎遍及整个中国沿海，所受灾害居西太平洋沿岸国家之首。在我国历史文献中又多称为“海溢”、“海侵”、“海啸”，及“大海潮”等，把风暴潮灾害称为“潮灾”。据清康熙《三忙续识略》中记载，1696 年发生在上海地区的一次特大风暴潮灾，死亡人数达 10 万人之多；民国《潮州志》记载的 1922 年 8 月 2 日广东省汕头地区特大风暴潮，暴雨倾盆，平地水深丈余，乡村多被卷入海涛中，死者 7 万余人。

我国每年平均发生增水 1 m 以上的台风风暴潮约 6 次，其中形成灾害的平均为 2.4 次。每年平均发生增水 1 m 以上的温带风暴潮达 11 次，虽次数远大于台风风暴潮，但成灾的平均为 1.4 次，明显低于台风风暴潮灾。1949—2007 年期间，我国所有超警戒水位达 30 cm 以上的风暴潮过程有 280 多次。

每次风暴潮造成的经济损失少则几亿元，多则达几百亿元，因此风暴潮作为我国主要的海洋气象灾害，已成为国家防灾减灾的重点之一。根据国家海洋局《中国海洋灾害公报》的统计数据表明，2000—2007 年风暴潮灾害共造成经济损失 1030.52 亿元，死亡（失踪）人数 737 人，分别占全部海洋灾害的 97.1%和 38.9%，图 2.6 是 2000—2007 年历年风暴潮灾害造成的直接经济损失和死亡（失踪）人数。表 2.2 为 1949—2006 年期间我国台风特大风暴潮灾概况。

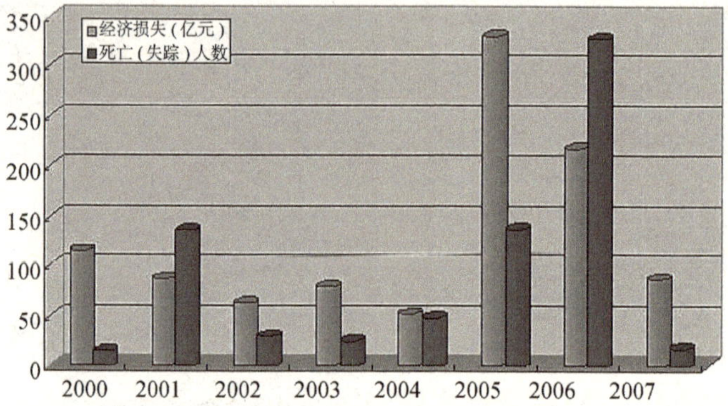

图 2.6　风暴潮灾害造成的经济损失和死亡（失踪）人数（2000—2007 年）

表 2.2　我国特大台风风暴潮灾统计（1949—2006 年）

序号	台风名字（编号）	日期（年月日）	测站	增水（cm）	受灾区域	人员死（伤）	经济损失（亿元）
1	Wanda（5612）	1951.8.1	澉浦	502	杭州湾等	4629	几亿
2	Fred（6508）	1965.7.15	南渡	287	雷州半岛等		1
3	Viola（6903）	1969.7.18	汕头	302	粤东	1554	几亿
4	Elsie（6911）	1969.9.27	梅花	199	闽江口等	7770	1
5	Mary（7413）	1974.8.20	山	224	长江口、杭州湾	189	3
6	Joe（8007）	1980.7.22	南渡	594	雷州半岛、海南	414（645）	5
7	Agnes（8114）	1981.9.1	吕泗	203	长江口等	53	几亿
8	（8609）	1986.7.21	石头	117	广西沿海	37（700）	39
9	Wayne（8616）	1986.9.5	南渡	352	雷州半岛、海南	20（364）	4.7
10	Gordon（8908）	1989.7.18	三灶	176	珠江三角洲	30（145）	11.1
11	Vera（8923）	1989.9.15	海门	146	浙江台州等	175（696）	13.2
12	Dot（9018）	1990.9.8	温州	241	闽、浙沿岸	110	12.2
13	Fred（9111）	1991.8.16	南渡	384	雷州半岛等	21（208）	12.9
14	Polly（9216）	1992.8.30	瑞安	203	闽、浙、鲁等	276（591）	92.6
15	Becky（9316）	1993.9.17	灯笼山	162	珠江三角洲	7	15.2

续表

序号	台风名字（编号）	日期（年月日）	测站	增水（cm）	受灾区域	人员死（伤）	经济损失（亿元）
16	Fred（9417）	1994.8.21	温州	269	闽、浙沿岸	1216	117.6
17	Gloria（9608）	1996.7.31	梅花	225	闽、浙沿岸	122（2298）	79.5
18	Winnie（9711）	1997.8.18	健跳	261	浙、苏、鲁沿岸	239	337
19	Dan（9914）	1999.10.9	厦门	122	厦门至泉州湾		
20	Prapiroon（2012）	2000.8.31	黄埔公园	187	长江口等		
21	森拉克（0216）	2002.9.7	鳌江	321	闽、浙、沪沿岸	30	62.2
22	伊布都（0307）	2003.7.24	北津	319	广东、广西沿海	3	23
23	云娜（0413）	2004.8.12	海门	350	闽、浙、沪沿岸	22（10）	21.5
24	海棠（0505）	2005.7.19	梅花	237	闽、浙沿海	3	32.4
25	麦莎（0509）	2005.8.6	澉浦	241	浙、沪、苏沿海	29	35.2
26	卡努（0515）	2005.9.11	海门	320	浙、沪、苏沿海	18	22.2
27	达维（0518）	2005.9.26	南渡	197	海南、广东沿海	25	121.3
28	桑美（0608）	2006.8.10	鳌江	401	闽、浙沿海	326	70.2

1. 渤海区风暴潮灾害

渤海是一个半封闭的浅海，北、西、南面分别为辽东湾、渤海湾和莱州湾，东面的渤海海峡与黄海相通。渤海西岸和南岸的地势平缓，潮水每增加 1 m，就要侵入陆地 5～10 km。因此，当出现强烈而持久的东北风时，海水常常涌上海岸，在广大区域，特别是渤海湾和莱州湾形成风暴潮。据史料记载，清代 268 年中出现过 45 次潮灾，其中较大的 10 次，特大的 3 次，分别发生在 1668 年、1782 年和 1845 年，1782 年的风暴潮曾使海溢上百千米。

（1）渤海湾。渤海湾风暴潮出现次数较多，风暴潮灾一年四季均有发生，除夏、秋季有台风风暴潮灾害发生外，春、秋、冬季还有灾害性温带风暴潮发生，一年中每个月份都有灾害性风暴潮发生的可能。图 2.7 为天津塘沽站历史平均每个月份高潮位≥470 cm 的天数，可见，大的风暴潮主要发生在受热带气旋影响较多的夏、秋季节。造成风暴潮的热带气旋路径主要为从黄海北上及东海登陆再由渤海湾入海居多，影响热带气旋有时也表现出向温带气旋变性的特征。例如 7203 号台风、8509 号台风和 9216 号台风等造成渤海湾大的风暴潮，其中 9216 号台风使塘沽出现了 20 世纪最高潮位（5.93 m），使天津沿海有 100 km 海堤漫水，40 处决口，新港码头、客运站被淹，盐场海堤潮水漫顶，损失原盐 30 万 t，仅天津市由这次风暴潮造成的直接经济损失就达 4 亿元。天津沿海历史上曾发生过两次特别严重的温带风暴潮灾害，分别在 1895 年 4 月 28—29 日（清朝光绪年间）和 1965 年 11 月 7 日，前者使海防各营淹死 2000 人，后者最高潮位达 5.72 m，潮水冲毁岐口附近 100 km 海堤和大部分桥梁，交通一度中断，塘沽市区进水。近年较强温带风暴潮的例子发生在 2003 年 10 月 11—12 日，受北方强冷空气影响，渤海湾沿岸发生了近 10 年来最强的一次温带风暴潮，受其影响，天津塘沽潮位站最大增水 160 cm，该站最高潮位 533 cm，超过当地警戒水位 43 cm；河北黄骅港潮位站最大增水 200 cm 以上，其最高潮位 569 cm，超过当地警戒水位 39 cm。

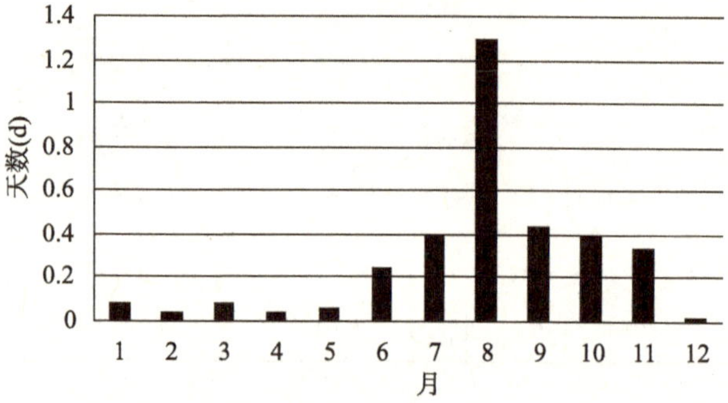

图 2.7　塘沽站历史平均每月高潮位≥470 cm 的天数

（2）莱州湾。莱州湾风暴潮发生次数仅次于渤海湾，且以冷锋配合气旋类占多数。据不完全统计，由强寒潮引起的风暴潮频率占 59%，温带气旋引起的占 32%，热带风暴引起的仅占 9%。单纯的冷锋类风暴潮主要出现在冬半年，而更多的冷锋配合温带气旋类风暴潮一般发生在 4—5 月，这时北方冷高压和南方低压构成“北高南低”天气形势，海面上吹东北风，大量海水在风作用下从莱州湾涌上陆地。典型的如 2003 年 10 月 11—12 日受北方强冷空气影响，莱州湾沿岸发生一次强温带风暴潮。山东羊角沟潮位站最大增水 300 cm，最高潮位 624 cm，超过当地警戒水位 74 cm，为我国近 10 年来最强的一次温带风暴潮。此次温带风暴潮来势猛、强度大、持续时间长，成灾严重，山东省直接经济损失 5.84 亿元。又如 2007 年 3 月 4 日的强冷空气过程（图 2.8），渤海中部海域最大风力达 11 级，威海市极大风速达 38.6 m/s，莱州湾海水猛涨，羊角沟潮位站最大增水达 202 cm，超过警戒水位 70 cm，烟台和威海两市北部沿海海水倒灌，部分码头坍塌，直接经济损失 17 亿元。

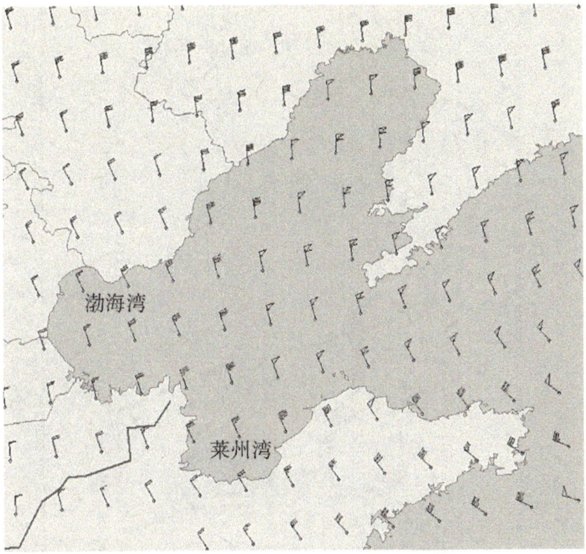

图 2.8　2007 年 3 月 4 日 20 时莱州湾风暴潮海面风场

此外，小尺度的飑线也能诱发风暴潮，如 1980 年 9 月 1 日一次飑线活动引起莱州湾增水，使龙口站出现近 30 年间的次高潮位。这种风暴潮出现概率较小，影响范围也小。

2. 黄海区风暴潮灾害

黄海西岸包括山东岸带和江苏岸带，历史上山东半岛也曾出现风暴潮，但更严重的是在江苏岸带，这是因为江苏岸带为平原海岸，地势低洼，不仅夏季的热带气旋可以造成严重的潮灾，冬季的冷空气大风也可以造成潮灾，当然，冷空气大风造成的潮灾比台风暴潮轻得多。据不完全统计，由台风引起的潮灾平均每年出现 1.3 次，时间多在 7—9 月。造成较大灾害的路径有 4 条（图 2.9），一是从福建、浙江沿海登陆的台风继续北上，在上海至连云港之间重新入海，如 7123 号台风，江苏响水站增水 2 m 以上。二是从黄海北上登陆山东半岛或辽东半岛的路径，如 1939 年 8 月 30—31 日登陆青岛的台风，由于台风中心气压较低，风力较大，强东北风持续超过 20 h，造成了严重的潮灾。三是从东海北部、黄海南部西行的台风，在长江口或江苏沿海登陆消失，这类路径数量很少，但是一旦出现，造成的潮灾往往很严重，例如 7708 号台风，9 月 1 日在长江口登陆，江苏省响水站出现最大增水 2.12 m。四是从上海以东海面或南黄海转向东北的台风，当台风强度较大、移速较慢时，江苏沿海便出现风暴潮，例如 8114 号台风，使江苏沿海大部分地区出现了历史上有记录以来的最高潮位。

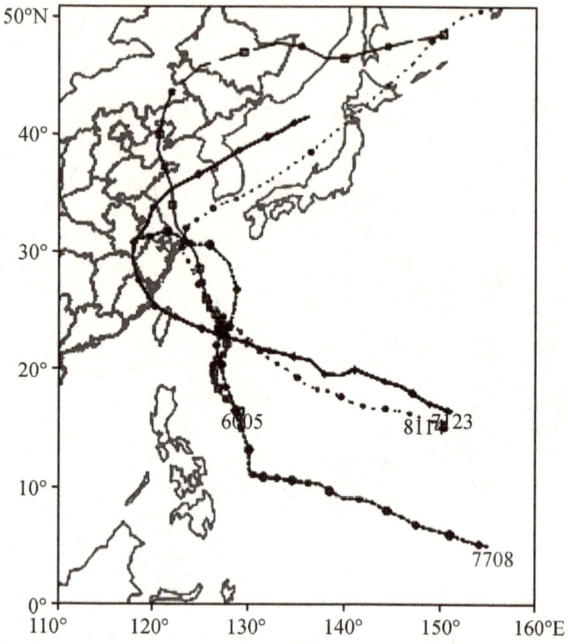

图 2.9　造成江苏海岸风暴潮的典型热带气旋路径

黄海气旋和强冷空气也是造成黄海西岸风暴潮的主要天气系统，但增水一般较小。1988 年 5 月 7 日受出海气旋和冷空气影响，海州湾南部的江苏省燕尾站出现 1.99 m 的最大增水，连云港最大增水 1.46 m。

3. 东海区风暴潮灾害

（1）上海岸带。上海地处我国海岸线中部，长江入海口，东濒东海，南邻杭州湾，地势低洼，地面高程一般在 3～3.5 m，其中 1/4 的面积低于 3.0 m，最低处仅 2.3 m，黄浦江大潮水位常高出地面 1 m 以上，积水内涝势必致灾。上海的风暴潮主要由强热带气旋造成，根据统计，1949—1999 年期间，上海达严重强暴潮标准的过程有 60 次，占总影响次数的 51.7%，平均每年 1.2 个。时间集中于 7—9 月，其中 8 月最多。若台风影响期间逢农历初三、初八前后大汛，那么就有可能出现严重的风暴潮灾害。

造成上海高潮位的热带气旋路径是近海转向型和浙沪登陆型（图 2.10），其中近海转向型占 1/2。最典型的是 8114 号台风，造成上海 10 多个站超过历史最高潮位，吴淞站高达 5.74 m。浙沪登陆型台风带来的潮灾亦比较严重，此类占总数的 23%，典型的如 9711 号台风，1997 年 8 月 18 日晚 21 时 30 分在浙江温岭登陆，登陆时中心气压 955 hPa，近中心最大风速 40 m/s，18—19 日上海地区普遍出现 8～10 级的东北偏东风。台风影响上海期间，适逢农历七月半天文大潮，风潮遭遇，使上海地区沿杭州湾、长江口、黄浦江干流出现的潮位为近百年一遇。

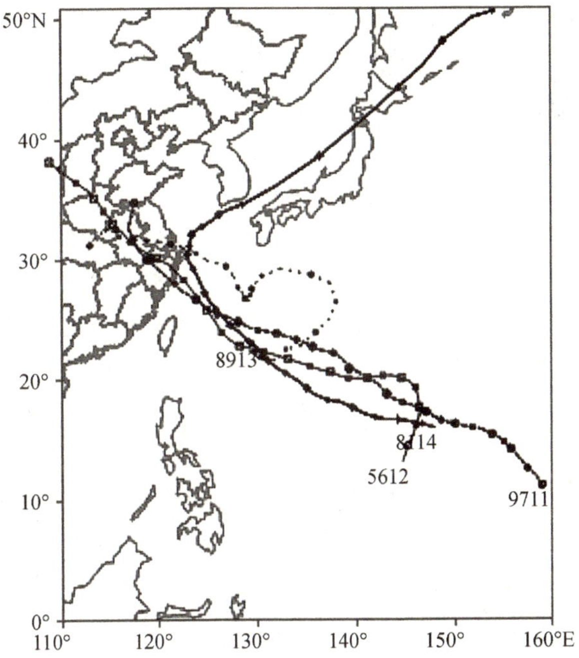

图 2.10 造成上海海岸风暴潮的典型热带气旋路径

另外，登陆福建北上的强台风或者从海上转向东北的特强台风也能造成上海岸带的潮灾。冷空气活动也能造成岸带区增水，但一般增水较小。

（2）浙江岸段。浙江岸段的风暴潮由强热带气旋造成（图 2.11）。该区海岸形状复杂，海湾众多，一旦台风暴潮与天文大潮叠加，水位上涨迅猛，潮灾相当严重。近 30 年以来，造成增水 50 cm 以上的平均每年有 2.5 次；增水 100 cm 以上的平均每年 1.5 次。影响浙江的强热带气旋主要发生在 6—10 月，以 7—9 月最多。在浙江温州至江苏海门之间登陆的强热带气旋，一般都在浙江南部造成较大的增水，如 5207 号台风在浙江中部登陆，温州最大增水达 388 cm；8923 号台风，海门最高潮位达 650～710 cm。在海门至杭州湾附近登陆的强热带气旋，一般使浙北、杭州湾出现较大的增水，如 5612 号台风，乍浦增水达 434 cm。浙江外海北上的台风如果强度大，移速缓慢，也能产生较大的增水，如 8114 号台风，舟山地区增水超过 150 cm，有的站出现历史最高潮位记录。1949 年以来，浙江沿海最强的风暴潮灾发生于 1956 年 8 月 2 日，5612 号台风在象山登陆，沿海风速达 50 m/s，乍浦、镇海、宁波分别出现历史上最大增水，大潮冲倒房屋 7000 多间，伤亡 2 万余人。1997 年，9711

号台风使整个浙江沿岸形成大的风暴潮，健跳站最大增水 261 cm，致 239 人死亡，直接经济损失 337 亿；2005 年 0509 号台风“麦莎”于 8 月 6 日 3 时 40 分在浙江省玉环县干江镇登陆，“麦莎”影响期间正逢农历七月大潮，受风暴潮和天文大潮的共同影响，沿岸有 10 多个站的风暴潮增水超过 100 cm，最大增水出现在浙江澉浦，达 241 cm，沿岸 10 多个站的潮位超过当地警戒潮位，浙江海门站超过值最大，达 71 cm。浙江省台州、宁波、温州、舟山、嘉兴等市受灾，直接经济损失 15.69 亿元。损毁海堤 11.02 km；沉没、损毁船只 1790 艘。2005 年 0515 号台风“卡努”于 9 月 11 日 14 时 50 分在浙江省台州市金清镇登陆。浙江省最大增水出现在海门，达 320 cm，超过警戒潮位 116 cm。近年造成特大风暴潮还有 2006 年的 0608 号超强台风“桑美”，它于 8 月 10 日 17 时 25 分在浙江省苍南县马站镇登陆。台风登陆时最大风力达 17 级。沿海增水超过100 cm的验潮站有 6 个，最大增水发生在浙江鳌江，达 401 cm，6 个验潮站的最高潮位超过当地警戒潮位，浙江瑞安潮位超过当地警戒潮位 62 cm，浙江省台州、温州、丽水等地受灾人口 345.6 万人，农田受淹 10.32 万 hm^2，堤防决口 674 处共 81.1 km，损坏堤防 5180 处共 396.4 km，冲毁塘坝 678 座，渔船沉没 1003 艘。

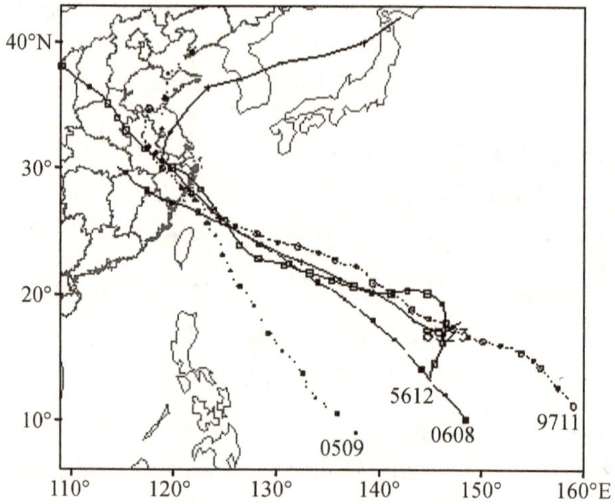

图 2.11 造成浙江海岸风暴潮的典型热带气旋路径

（3）福建岸段。福建沿海的风暴潮也由强热带气旋造成（图 2.12），据资料统计，袭击和影响福建的热带气旋平均每年 5～6 次，其中过程最大增水大于 50 cm 的平均每年 2 次；潮灾最多的年份是 1961 年，年内出现 6 次；潮灾最多的月份是 1956 年 9 月，在闽江至九龙山地段连续受 5622、5626、5627 号三个台风风暴潮袭击。本岸段台风风暴潮的发生时间均在 6—10 月，以 7—

9月最多，超过警戒水位的台风以9月最多。台湾海峡北端的长乐至连江沿岸为该省台风暴潮的多发区，尤其是福州马尾港最严重；6008号台风造成百日潭（马尾）最大增水值为252 cm。造成福建沿海风暴潮灾的热带气旋可分为三种类型：一是穿越台湾岛进入海峡登陆福建中部的路径，当中心强度较大时，影响范围广、潮灾重，如6911号台风，台风登陆时中心气压965 hPa，风力约11级，崇武至福州一带均超过历史最高潮位，马尾增水238 cm，福建省受灾人数达百万以上，受淹农田超过3万 hm^2，风浪中船只损失1000多条，伤亡706多人。又如2005年0505号台风“海棠”于7月19日17时10分在福建省连江县黄岐镇登陆，受“海棠”风暴潮影响，福建省宁德、福州、莆田、泉州市的36个县（市、区）受灾，直接经济损失26.33亿元，受灾人口213.41万。农作物受灾面积10.72万 hm^2，海洋水产养殖损失6.44万t，受损面积8360 hm^2，倒塌房屋6300间，损毁海塘堤防305处共44.85 km，损毁海洋工程348座。二是从台湾岛以南洋面进入台湾海峡后在闽南沿海登陆的台风，造成闽南、闽中风暴潮，如：5903号台风，厦门最大增水165 cm，海水涌进市区，低洼处水深1 m以上。三是从台湾以北海面通过登陆闽北的路径，主要影响闽东北岸带，如6614号台风。

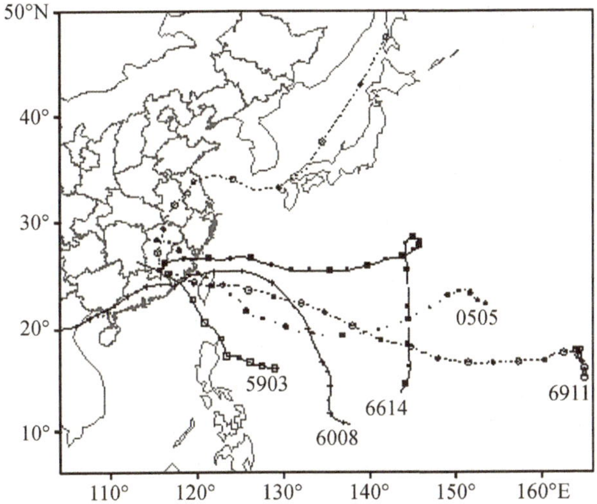

图2.12 造成福建海岸风暴潮的典型热带气旋路径

（4）台湾岸段。台湾岛每年都受到热带气旋袭击，影响时间是4—11月，以7—9月较为集中，由于台湾海岸地形差异，台风暴潮的危害程度各地区之间迥然不同。较大的潮灾主要发生在西海岸和东北海岸，西海岸尤其是西南部海岸多浅滩，距岸5～6 n mile即为深海，有利于涌浪的发展，使得近岸处海水积聚而涌上陆地。东北部平原地区也有利于形成潮灾。台湾东部海岸因地势较高，很少造成潮灾。造成台湾岛潮灾的热带气旋路径有三类：一是穿过台湾北部和中部进入台湾海峡的台风，容易在台湾北部和中部形成潮灾；二是从巴士海峡进入台湾海峡的台风，容易在台湾西南部形成潮灾；三是南海台风东北行，进入台湾海峡或登陆台湾的台风，容易在登陆点及台湾南部形成潮灾。

4. 南海区风暴潮灾害

（1）广东岸段。广东沿海是全国海岸中台风暴潮最严重的区域，平均每年受到5～6次强热带气旋袭击，发生较严重的潮灾1～2次。广东岸段风暴潮主要集中在三个地区（图2.13），一是汕头地区，由登陆汕头地区的台风造成，如6903、7908、0606号台风，2006年0606号台风“派比安”8月3日19时20分在广东省阳西县和电白县交界处沿海登陆，沿岸增水超过100 cm的验潮站有6个，最大增水发生在广东北津，达220 cm，广东省61个县市的473.49万人受灾，紧急转移28.18万人，农田受淹33.9万 hm^2，沉没损毁船只508艘，损毁房屋2.49万间，直接经济损失70.02亿元。二是珠江口地区，几乎每年都有风暴潮发生，主要由登陆珠江口附近的台风造成。三是雷州半岛及湛江地区，由于口袋状的海岸地形，容易引起海水大量堆积，在沿岸形成潮灾，8007号台风7月22日登陆广东徐闻县，造成的潮位百年罕见，南渡站潮位高达594 cm，超过警戒水位297 cm。这一地区的潮灾一般由沿南海西行的台风造成。

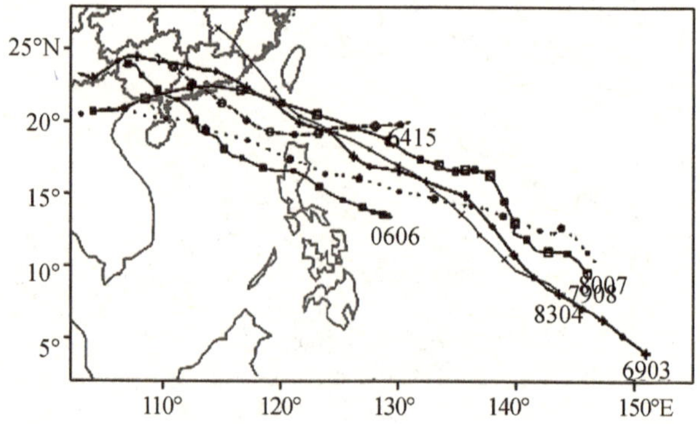

图2.13　造成广东海岸风暴潮的典型热带气旋路径

（2）海南岛和广西岸段。图2.14造成海南和广西海岸风暴潮的典型热带气旋路径。海南岛也是热带气旋影响频繁的地区之一，平均每年影响热带气旋个数为6～7个，其中在海南岛登陆的热带风暴以上强度的平均每年约2个，热带气旋影响的时间集中在7—10月，故风暴潮发生时间也在这个时段。虽然风暴潮在该岸段每年均有发生，但由于海南岛周围海水较深，海岸坡度大，不利于海水堆积，故风暴增水多在 100 cm 以下，增水较大的地区在岛的东面和北面，尤其是海口附近，多出现增水大值。海口历史上较强的风暴潮由个例 8007 号台风造成，海口最大增水 248 cm。2005 年 0518 号台风“达维”于 9 月 26 日在海南省万宁县山根镇沿海登陆。海南省最大增水出现在清澜，达 121 cm，“达维”风暴潮灾害为海南省近 30 多年来最严重的一次，造成直接经济损失 116.47 亿元，受灾人口 630.54 万，死亡 25 人，农作物受灾面积 77.01 万 hm^2，损毁房屋 3.22 万间，沉没、损毁渔船 734 艘，损毁堤防 23 处。从海南岛北部西行的热带气旋也影响广西岸段，当强热带气旋进入北部湾后，由于北部湾是一个半封闭的海区，整个湾区均可受到较大的影响，热带气旋进湾之前，岸边一般吹北风，造成岸边减水，当中心到达湾区中部或者登陆前后，岸边西南风加大，整个北岸几乎同时发生增水现象。引起本岸段增水的热带气旋活动时间为 5—11 月，以 7—9 月居多，每年约有 2 次较严重的风暴潮。其路径多是来自西北太平洋的台风在南海北部西行，穿过雷州半岛或琼州海峡西行登陆广西或越南北部，如 6508，8007，8609 号台风，6508 号台风使石头埠增水达 233 cm。自西北太平洋移来穿过海南岛后登陆广西的台风引起增水略小，如 7109 号台风。

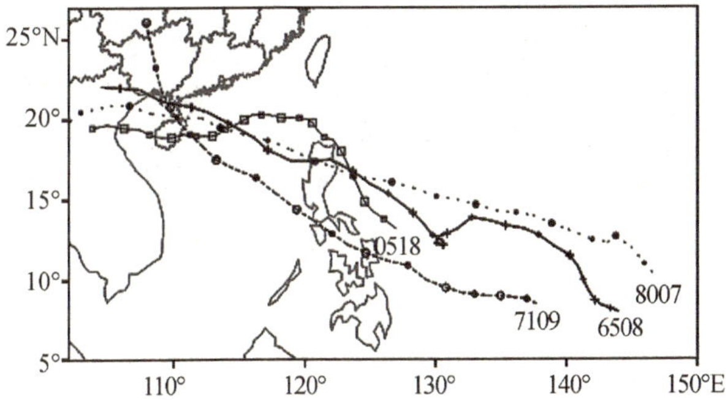

图 2.14　造成海南和广西海岸风暴潮的典型热带气旋路径

2.5　风暴潮的监测

2.5.1　潮位观测

风暴潮监测主要依靠沿岸的验潮站进行。我国的验潮历史可追溯到 1900 年前后。据统计，1949 年前全国只有 14 个验潮站。由于管理混乱，大多数仅留下部分高、低潮资料。中华人民共和国成立后，随着我国国防、航运、水产、海洋开发与海洋工程等事业的不断发展，沿海地区相继建立了众多验潮站。目前沿海的验潮站大约已有 200 多个，分别隶属于国家海洋局、水利部、交通部和海军等部门，图 2.15 为目前我国主要验潮站的分布。在资料共享方面，几十年来国家海洋环境预报中心得到了水利部、交通部等单位的大力支持，1978 年国家海洋局与邮电部、水利部、交通部等单位协商，从 1979 年开始先后有 36 个潮位站通过国家公众电信网，在风暴潮影响期间以代码电报形式向国家海洋环境预报中心拍发实时潮位报，1986 年发报站增加至 52 个，1990 年增至 64 个。逐步形成了我国的风暴潮监测系统。现在国家海洋局所属的验潮站的实时资料传输还可通过局内专用通信网实施。

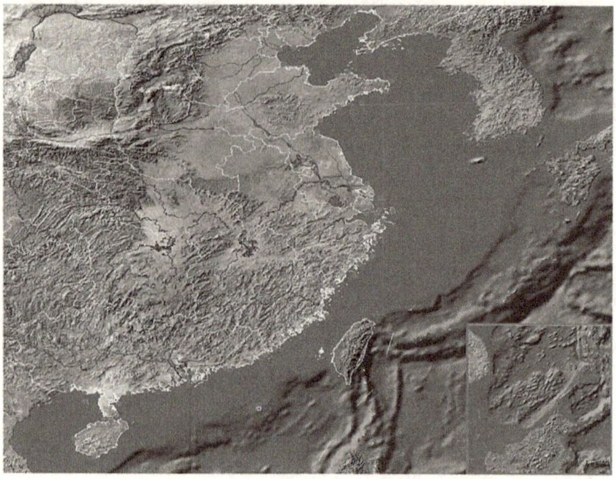

图 2.15　我国主要验潮站的分布

由于验潮仪观测通常只局限于近岸地区，同时站位的分布也不均匀，所以并不能测量整个近岸和内陆的潮位，当风暴潮影响过后，通常还需进行风暴潮过后的现场调查，从 1970 年代后期起，国家海洋局等单位就对几次强台风风暴潮进行了现场调查，获得了极其珍贵的资料。这些资料在对风暴潮预报技术的改进和沿海工程建设中发挥着重要作用。

2.5.2　气象要素观测

由于风暴潮是由强烈天气系统引发的，所以对于相关气象资料的收集极其重要，天气图等气象图表是获取气象要素观测资料的主要途径，气象卫星云图和沿海雷达、海上浮标、船舶和海上平台等观测资料则是重要的附加手段。从这些资料可获得预报风暴潮必需的海平面气压、海面风向风速、台风中心气压、台风强度、台风移动路径、台风最大风速半径等信息。

2.6 风暴潮的预报方法

2.6.1 风暴潮的经验预报方法

为了防御风暴潮灾害，需要准确地预测预报风暴潮的可能最高潮位。目前，风暴潮预测的方法可以归纳为两大类。一是经验统计法，它包括预报员的主观经验和经验统计预报方法。经验统计预报方法以历史上大量实测资料为基础，建立气象扰动（如风、气压等）和特定地点风暴潮位之间的经验关系。这种方法简单实用，但是必须依赖预报站长期的验潮资料、增水资料和相应的气象资料，否则就不能建立稳定可靠的经验关系，这种方法对罕见的特大风暴潮预报比较困难，预报的精度较低。

例如我国国家海洋环境预报中心最早建立的台风风暴潮预报公式为：

$$\zeta = A\Delta p_0[1-\exp(-r_0/r)]+C$$

式中 $\Delta p_0 = p_\infty - p_0$，$p_\infty$ 代表台风外围海平面气压，p_0 表示台风中心气压，都以 hPa 为单位；r_0 表示台风最大风速半径，r 表示最大增水时台风中心到测站的距离，单位是纬距；ζ 表示最大增水值，以 cm 为单位。

选取物理意义清楚的气象因子是经验统计预报方法的关键。

相似预报方法也是经验预报方法中的一种，这种方法的基本思想是，建立历史上每次显著风暴潮过程的详细资料档案，当预报的台风路径、强度、尺度和移速与历史上某次和某几次台风相同或相似时，则可由计算机自动检索并输出历次相似资料，做出本次风暴潮预报，再将预报值叠加到这些测站的正常潮位预报上，以发布本次台风所能引起的最高潮位和潮时预报。

温带风暴潮的经验预报方法与台风风暴潮经验预报方法类似，但考虑的预报因子有所不同，温带风暴潮的预报因子主要考虑大陆与沿海的海平面气压差、地面气温差和温带气旋中心气压等。

2.6.2 风暴潮的数值预报方法

风暴潮预报的第二种方法是动力数值计算方法，其实质是“数值天气预报”和“风暴潮数值计算”相结合的一种预报方法。数值天气预报给出风暴潮计算所需要的海上风场和气压场；风暴潮数值计算就是在给定的海上风场和气压场的初始条件下，进行数值求解风暴潮的潮位。风暴潮数值计算是1950 年代开始发展起来的，其计算的对象是流体动力学基本方程组。使用电子计算机作风暴潮数值计算的第一位学者是德国的海洋学家 W. Hansen

(1956)，他对于 1953 年 1 月 31 日—2 月 1 日发生在北海的那次灾难性温带风暴潮作了数值实验，在一定程度上再现了实际风暴潮过程。目前的风暴潮数值模式已发展得相当复杂，并在实际风暴潮预报业务中发挥越来越大的作用。

这里重点介绍目前常用于风暴潮预报的 SLOSH 模式和多模式耦合的风暴潮预报模式。

1. SLOSH 模式

SLOSH（Sea Lake and Overland Surges from Hurricanes）飓风风暴潮数值预报模式，是美国国家海洋大气管理局（NOAA）、国家气象局（NWS）在 1981 年开始开发研制，1992 年发表技术报告至今，经历了 20 多年的研制和改进。它是美国新一代国家风暴潮预报模式，在防灾预报中发挥了重要作用。

SLOSH 模式是二维模式（图 2.16）。模式计算区域覆盖部分大陆架、内陆水体以及障碍物。计算域采用均匀伸展的极坐标网格。这种网格的优点在于岸边重点区域的网格可以很细，能很好地反映微地形对风暴潮的影响；离岸边较远的深水区网格较粗，节约内存和机时，而不影响计算精度。SLOSH 模式可以描述风暴潮漫滩过程，由于考虑了淹没陆地，因此，与网格尺度可以比较的障碍物，例如沙丘、防洪堤、废渣区、天然山脊、礁石以及许多人造结构等也都予以考虑。

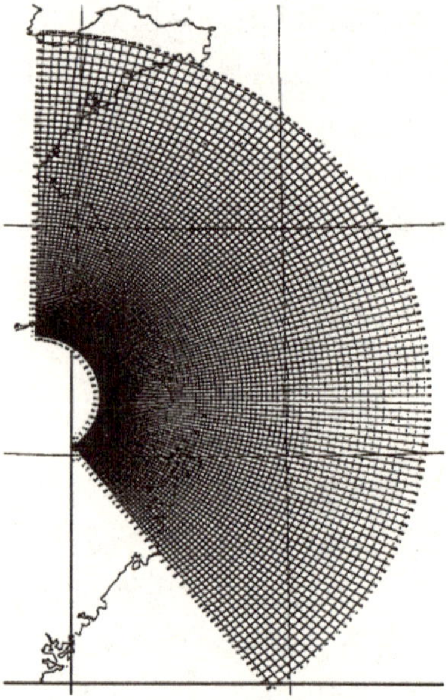

图 2.16　用于计算杭州湾风暴潮的 SLOSH 模式网格

我国科学家从1980—1990年代引进并建立以SLOSH模式为基础的我国风暴潮预报业务系统。至今它仍在我国风暴潮预报以及海岸工程风暴潮设计参数的计算中发挥着重要作用。

2. 多模式耦合的风暴潮预报模式

近年来国内外采用三维海洋环流模式，如POM、ECOM等模拟和预报风暴潮，而且还把它与海浪模式（如适合近岸海域的SWAN海浪模式）相耦合或与天文潮相耦合，这些模式能较好地描述考虑波浪引起的底摩擦、波浪引起的海表面风应力系数变化、总水位变化等因素对风暴潮的影响。也在一定程度上提高了对风暴潮的预报准确性。另外，建立在风暴潮数值基础上的集合预报技术也是提高风暴潮预报准确性的有效途径。

我国国家海洋预报中心（NMEFC）自主开发的CTS台风风暴潮数值预报模式在2003年投入业务化运行，模式区域覆盖整个中国沿海，空间分辨率为2′；2007年开始进行集合预报试验；自主开发的CES温带风暴潮数值预报模式2004年投入业务化运行，模式区域覆盖整个中国沿海，空间分辨率为6′，它每天运行2次，提供我国沿海72 h温带风暴潮数值预报。NMEFC还开发了风暴潮漫滩数值预报模式，空间最高分辨率为100～600 m，用于科学研究和风暴潮灾害的风险评估等。

2.6.3 风暴潮的预报准确度

风暴潮的发生一方面受复杂的海洋环流、海底地形等因素影响，对此，现有的风暴潮预报方法还很难准确地给予表达；另一方面，风暴潮是由强烈大气扰动引起的，要报准风暴潮，需首先报准未来的气象条件。而气象预报也受很多复杂因素的影响，尤其是台风、强冷空气等灾害性天气更难报准，风暴潮模式结果的精度，在很大程度上依赖于气压场和风场模式的质量，目前国内外气象预报的精度还不能完全达到精确的风暴潮预报要求。除此之外，目前天文潮的预报也有某些误差，而灾害性高潮位通常是风暴潮与天文潮叠加，甚至是相互作用的结果，这就更加重了风暴潮灾害的预报警报的难度。因此，风暴潮预报就不可能十分准确。虽然风暴潮预报技术上的难点还有待今后科学技术的发展来解决，但已有的风暴潮预报方法，仍能在多数情况下提供有用的预报和警报，从而减轻风暴潮灾害的人员伤亡和经济损失。

风暴潮预报准确度的提高是同气象预报水准的改进步调一致的。尽管现有的风暴潮模式可以进行12 h、24 h、36 h，甚至更长时间的预报，但由于大气模式给出的风场、气压场尚不能满足风暴潮预报的要求，故准确预报的时效还不可能太长。据统计，英国的风暴潮季节是每年 9 月份至翌年 4 月份，在这个时段中，平均每年发布风暴潮预报 35～50 次，其中 6～4 h 的预报有 20 次。意大利准确度较高的温带风暴潮预报也只有约 6 h 的提前量。德国专家指出，目前高潮位的较高预报时效为 3～4 h，潮时预报在 30 min 之内，潮高预报在 20～30 cm 之内。我国目前台风风暴潮预报时效约为 12 h，最长达 30 h，最短为 3 h，高潮位平均预报误差约 20 cm，极端情况误差超过 100 cm，高潮时平均误差约 20 min。如果以风暴潮小于 100 cm 时绝对误差小于 30 cm、风暴潮大于 100 cm 时绝对误差小于 35 cm 为标准，以此计算的预报保证率约为 65%左右。总体上，我国发布的风暴潮预报准确度与世界先进水平相当。在过去的 20 多年中，曾多次成功地预报了强风暴潮，大大减轻了损失。

2.7 风暴潮灾害的影响与评估

风暴潮波及地域范围与该地区的地形地势、经济发达水平及防灾能力有关。一般地势低平的海岸地带，风暴潮可长驱直入，影响广大的地域，造成较大的损失，如渤海的莱州湾沿海，滩涂广阔，地势比较平坦，每次风暴潮波及范围都很广大；而在地势较高的沿海地带，如山东半岛沿岸，风暴潮潮水入侵范围就有限，因此受灾程度也就轻得多。一般而论，在同等强度风暴潮作用下和同等防灾能力情况下，经济发达地区的损失较大，经济不发达地区的损失较小，据统计，二者的相关系数为 0.7 左右，可见二者有很好的相关性。尤其是在人口稠密、城镇集中、经济发达的一些沿海地区，因风暴潮造成的人员伤亡和经济损失更为严重，有些地区的灾害损失甚至超过了当地政府的财政收入，在过去的 25 年中，我国由风暴潮造成的经济损失增长了近 30 倍，它远高于我国国民经济的增长速度。如海南省 1996 年的地方财政收入为 30.7 亿元，而 9618 号台风风暴潮仅在琼东北造成的经济损失高达 42.58 亿元。1950 年代以来，我国沿海经济在高速发展，同时，我国因台风风暴潮灾造成的人员伤亡人数逐年减少，但经济损失却有逐年加大趋势。

风暴潮灾害数据资料记录着我国风暴潮灾害发生的海域、时间、增水、直接经济损失及其他各种灾情（如死亡人数，淹没田地，冲毁房屋等）的重要信息，是我国风暴潮灾害研究及正确评估灾情的依据，是建立风暴潮灾害评估数学模型的必要基础资料。

2.7.1 风暴潮灾害的评估指标

同其他的自然灾害一样，风暴潮灾害经济损失可分为直接经济损失和间接经济损失。

直接经济损失可包括：①潮水淹没田地而引起的农作物损失；②倒塌的房屋及家庭财产损失；③被潮水冲毁的堤坝，桥梁，等公共设施；④被浪潮毁坏的船只；⑤其他生产设施如通讯设施，电力设施及工厂生产设备；⑥工业设施损失及死亡人数或失踪人数；⑦受伤和受灾人数；⑧海洋损失；⑨海水侵染。

间接损失可包括：①灾害救援投入；②修复、重建，对生态环境破坏和影响；③企业生产停顿等造成损失。

一般来说，风暴潮灾害的直接损失，主要取决于风暴潮的强度和风暴潮波及的地域范围。

风暴潮灾害经济损失可通过建立数学模型进行定量评估。例如有人将直接经济损失与最高潮位之间关系进行分析，求得一种初级经验公式。由于该损失是非线性，因此可选用多项式曲线方法。数学模型方程为：

$$y = a + bx + cx^2$$

式中 x 为风暴潮最高潮位(m)；y 为风暴潮直接经济损失(亿元)。利用"最小二乘法"的思想，根据多年的最高风暴潮位和直接经济损失来求解模型。求解模型实际上就是确定系数 a,b,c 的值，也就相当于求解关于 a,b,c 的函数

$$F(a,b,c) = \sum^{n}[y_i - (a + bx_i + cx_i^2)]^2$$

的最小值。该模型以当年灾害的直接经济损失数据为基础（没有考虑物价因素）。另外由于影响风暴潮灾害因子很多，某些因子如区域经济情况（人均 GDP）、防灾设施，如海堤高度、灾区地形地貌等与经济损失的关系难以作深入定量的研究。因此目前还无法建立考虑全部影响因子的评估模式。

2.7.2 风暴潮灾害损失与防灾能力的关系

风暴潮灾害的损失与防灾能力有着密切的关系，防灾能力强可有效地减小风暴潮灾害损失。防灾能力包括对风暴潮预测、防灾设施以及防灾抗灾的组织管理能力建设等。以风暴潮预报水平为例，1996 年 7 月闽浙沿海发生一次特大风暴潮，由于预报及时准确，闽浙两地及时做好了防大风、抗大潮、

抢大险的准备，不仅减少了风暴潮灾害的损失，而且伤亡人数也是多年几次同类风暴潮灾中最少的。表 2.3 给出两个典型例子，对比说明在同等风暴潮强度作用下，是否作出准确预报，其受灾程度的差异。

表 2.3　两个同等风暴潮强度作用下受灾程度差异的比较

时间	最大增水	防灾措施	强度	地点	损失
1952.08.02	502 cm	未发布风暴潮预报	6 级	浙江象山、宁波、杭州湾、长江口	死亡：4629 直接经济损失：10 亿多 淹没农田：27333 km^2 冲毁房屋：7 万多间 冲毁水利工程：2700 处
1980.07.20-23	504 cm	发布风暴潮预报	6 级	广东省雷州半岛、湛江	死亡：414 直接经济损失：4 亿多 淹没农田：49193 km^2 冲毁房屋：12. 2 万多间 冲毁水利工程：354 处

同样的例子也发生在美国，2005 年 8 月 29 日“卡特里娜”飓风及风暴潮之所以引发如此巨大的灾害，除了不可抗拒的自然因素外，避灾防范措施不力是重要的原因。表现为海堤年久失修，事前对灾难估计不足，政府组织撤退不力，没有注重老弱病残穷等弱势群体，灾难发生后政府又应急迟缓。作为比较，发生在同年（2005 年）的“丽塔”飓风及风暴潮，虽然其强度与“卡特里娜”飓风相当，影响区域也相近，但由于防范避灾防范措施好，遭受的人身财产损失要比“卡特里娜”飓风小得多。表 2.4 给出两者的一些数据对比。

表 2.4　卡特里娜和丽塔飓风的灾害比较

飓风名，时间	强度	撤离人数	应急反应	损失
卡特里娜 2005.08.29	5 级（登陆时 4 级）	30 多万	迟缓、政府机构相互推诿	死亡：1417 人 直接经济损失：1000 多亿美元
丽塔 2005.09.23	5 级（登陆时 4 级转 3 级）	300 多万	良好、总统亲自指挥	死亡：2 人 直接经济损失：50 多亿美元

2.7.3　风暴潮灾害的风险评估

当台风或温带气旋来临之际，事先对可能造成的风暴潮灾害存在的风险作出正确的评估对于最大程度地减轻灾害损失和人员伤亡十分重要。美国是最早开展这方面研究的国家，1990年代，美国海洋大气管理局（NOAA）、联邦应急管理署（FEMA）和各州政府开展风暴潮灾害风险评估工作，评估的区域空间分辨率达1.2 km。近年来美国对其沿海部分关键和重要区域的风险评估的区域空间最高分辨率提高到20 m，并制作了新一代的风暴潮灾害危险图和应急疏散图。我国近年来在风暴潮灾害风险评估方面也取得了长足进步，并与世界先进水平接轨，已完成河北黄骅、唐山风暴潮灾害危险图和应急疏散图，目前正在制作浙江温州、台州等地风暴潮灾害危险图和应急疏散图，其中对河北省沿海地带一些重要区域的风险评估的空间最高分辨率已达到100 m。图2.17为河北省黄骅市温带风暴潮灾害淹没风险图，这类风险图是依据风暴潮数值模式模拟基础上建立起来的，它通常还结合了遥感影像技术和地理信息系统（GIS）集成技术等。

图2.17　河北省黄骅市温带风暴潮灾害淹没风险图

某一地方风暴潮灾害风险的大小除与淹没的危险性有关外，也与承灾体的脆弱性有关。有人根据承灾体的重要性等因素，把风暴潮灾害承灾体的脆弱性由大到小分成四级。

第四级：生命财产、重要机构、关键设施，如学校、医院、政府机构、电厂、大坝、撤离道路等；

第三级：重要生产设施和居民基本生活物资，如港口码头、重要企业、加油站、养殖场等；

第二级：一般设施，如公路、桥梁、农田、盐场等；

第一级：其他非重要用地，如次要公路、河流、灌溉渠道、开发用地等。

2.8 全球气候变暖对风暴潮的影响

全球气候变化是21世纪人类共同面临的严峻挑战。人类活动中大量温室气体排放等引起全球平均气温升高，已成为世界各国政府和科学界的普遍看法。过去100年来，全球平均气温已升高0.3～0.6℃，预计21—22世纪的全球气温变化，即使按最保守的估算也将可能要比1990年升高2℃左右，升温速率将超过过去100年平均值的3～5倍。近500年历史潮灾史料和近50年风暴潮观测记录研究均表明，在平均气温较高的偏暖时段，中国沿海的风暴潮灾的发生频次较平均气温较低的偏冷时段显著偏多。事实上，风暴潮系由强烈的大气扰动（热带气旋和温带气旋）所引起的海面异常升高现象。一方面，全球气温升高，西北太平洋海表温度也将可能上升，导致西北太平洋热带气旋年均生成频次和登陆影响中国的热带气旋频次均可能增多，另一方面，全球海平面也将随气温升高而上升，从而导致沿海各地海面（包括高、低潮位）抬高，风暴增水值与潮位叠加后将出现更高的风暴高潮位，某些较大的风暴增水在不与天文大潮遭遇情况下形成潮灾的可能性也将增大，从而可能引发更多的风暴潮灾。

气候变暖和沿海地区严重的地下水超采等人为引起的地面沉降加速了相对海平面上升速率。初步估算，至2050年我国不同海岸平原地区的相对海平面上升幅度可能达20～70 cm。由于相对海平面上升，至2050年，珠江三角洲地区目前50年一遇的风暴高潮位将可能缩短为20年一遇，目前100年一遇高潮位可能缩短为50年左右一遇；长江三角洲地区目前100年一遇高潮位将可能缩短为10年左右一遇，目前千年一遇的将缩短为百年左右一遇；渤海西岸滨海平原目前50年一遇高潮位将可能缩短为5年左右，而目前100年一遇高潮位将可能缩短为10年左右一遇。这就意味着，即使登陆和影响中国的热带气旋的风暴增水不变，未来相对海平面升高也将可能增加风暴潮成灾概率和风暴潮的强度，从而加剧风暴潮灾。加重程度以受热带气旋影响频繁和相对海面上升幅度较大的长江三角洲等地区最为明显。位于长江三角洲的黄浦公园验潮站实测年最高潮位的统计分析结果已表明了这一变化趋向，该站实测最高潮位已由1950年代的465 cm（1954年），1960年代的476 cm（1962年）上升到1970年代的498 cm（1974年）和1980年代的522 cm（1981年）；实测最高潮位超过465 cm的概率也由前20年的每10年1次左右，分别增加为后20年的每10年2次和4次。

我国沿海城市的海拔高度一般在1～4 m，最低的还不到1 m，海平面长期缓慢上升会加剧这些地区的风暴潮灾害、加大洪涝威胁，并且引发海水入侵、土壤盐渍化、海岸侵蚀等问题，同时，严重影响沿海城市基础设施建设。据统计，我国沿海地区的面积只占全国陆地面积的13%，但是却有40%的人口居住在这一区域，其经济总额已占国民经济总额的60%以上，因此，风暴潮灾害的防治是今后我国实施减灾对策的重点内容之一。

2.9 风暴潮灾害的防御

中国沿海地区因特定的地理位置和丰富的资源而发展成为我国经济的黄金地带。近年来，沿海地区的海洋事业正方兴未艾，各省（市）都提出了以海兴省（市）的宏伟目标。但由于海洋产业大都布局于滨海区，而且随着养殖业、石油矿产业及沿海滩涂的开发，海洋经济的迅速发展已与沿海地区台风风暴潮灾日趋加重的事实形成了尖锐的矛盾。我国沿海几个工业基地如：珠江三角洲、长江三角洲、闽江三角洲及汕头、温州、台湾海峡地区都是风暴潮灾的重灾区，所以防止和减少风暴潮灾害已成为必须认真对待的问题。

2.9.1 防御措施

国家在防灾减灾方面的战略已从过去的减轻灾害损失调整为减轻灾害风险。从单纯的减灾调整为减灾与可持续发展相结合。总结为八个字“以防为主，关口前移”。风暴潮防灾减灾的措施包括工程性措施和非工程性措施两个方面。

采取工程性措施防止风暴潮灾是最直接有效的手段。中国沿海的许多区域，尤其是大江大河的河口三角洲区域，对自然灾害，如风暴潮、热带气旋（台风）等极其敏感和脆弱。在国际上，一般认为海拔5 m以下的海岸区域为气候变化、海平面上升和风暴潮灾害的危险区域。中国沿海有这类低洼地区14.39万km^2，常住人口7000多万，约为全世界处于危险区域人口总数的27%。仅辽河平原、华北大平原、华东大平原和珠江三角洲平原，就共计有面积达9.28万km^2的地区高程还不足4 m（即极端脆弱区），这里目前生活着约6500万人，集中了70个县（市）。这些区域历来受台风、风暴潮影响严重。自古以来，人们都用修造海堤的办法来抵御海潮的侵袭，而今它仍为防潮减灾的有效措施。我国大陆海岸线长18000 km，共建有海堤12000 km，但这些已修海堤大部分为未达标海堤，50年一遇的标准海堤很少。临海城市现有海堤5869 km，保护着7300万人、13300多亿元产值。在临海城市海堤中，目前实际完成标准海堤2055 km，仅占海堤总长度的1/6，整体防御能力还很低。为此，未来以下几个方面的工作需要加强：①把全国沿海防潮工程措施纳入中央和沿海各级政府社会经济发展规划和计划中，做到统一规划，多方筹措资金，使防潮工程的修建与维护有可靠的资金保障。②海堤的修建应根据其保护对象的重要程度，经权威的职能部门的专家论证，依靠科学技术，确定合理的海堤设计标高和选择适用的海堤断面形式。③在南方沿海省市达标海堤建设中，应该考虑在堤外适合的滩涂种植和恢复红树林。

在防灾减灾的非工程措施中应强调增加全民防灾、减灾意识，加强全国海洋灾害预报系统建设。①由于风暴潮预报是一个难度很大，目前准确或比较准确的预报警报时效不可能太长，加强预报部门与防灾指挥部门的密切联系十分重要，以便使预报警报发挥更好的作用。有时候即使预报准确，但有些干部和群众对于抵御大风暴潮的思想准备明显不足，有些群众遇难，就是因为不肯转移，留恋财产。我们必须认识到风暴潮是人力不可抗拒的自然灾害，面对这种灾害，“三十六计，走为上计”。②防潮指挥部门要根据管辖区潮情、防潮设施及其他环境条件等具体情况，制定长远的防潮规划和应急性的救灾抢险方案，包括人员撤离路线和避难场所以及物资转移场所等。③合理开发利用沿海资源，科学规划沿海占地。必须充分考虑到风暴潮与天文潮以及向岸浪相结合而成大灾并加剧海岸侵蚀后退的不利因素，做到合理开发建设以获得更大的经济效益。④珊瑚礁、红树林、防护林带等都是保护海岸不受大潮巨浪侵蚀的天然屏障，必须停止采伐并加强保护。

2.9.2 风暴潮灾害的信息发布

国家海洋环境预报中心自1970年起开展风暴潮预报和预报技术研究工作，于1974年正式向全国发布风暴潮预报。预报警报服务的主要单位是国家防汛总指挥部、沿海省（区、市）政府及其防汛指挥部门、中国石油天然气总公司、中国石化总公司、海军以及受影响的潮（水）位站等。发布预报的方式从最初的明码、代码电报、电话，发展到今天的传真、代码电报与电话并用以及电台、电视台播放等多种手段。30多年来曾多次成功地发布了强风暴潮警报，大大地减轻了风暴潮造成的危害。

国家海洋局所属青岛、上海、广州三个分局的海洋预报台、海南省海洋预报台和部分中心海洋站（例如厦门、温州、广西北海等）、海洋站，水利部所属的沿海部分省、市水文总站、分站、海军舰队气象台等单位，也先后开展了所辖省（区、市）、地区和单站的风暴潮预报，形成了上下结合的预报网，发挥了很好的作用。

2.9.3 风暴潮预警等级和灾害的应急预案

由国家海洋局组织编制、国家海洋环境预报中心负责起草的《海洋预报和警报发布第一部分：风暴潮预报和警报发布》国家标准，于 2005 年 11 月 1 日起正式实施。该标准的实施对规范风暴潮预报、警报行为，提高预报警报服务质量，适应海洋开发、海洋管理、海洋防灾减灾和国防安全的需求，最大限度地预防和减轻风暴潮造成的损失，更好地服务于沿海经济建设和社会发展，具有重要指导作用。

风暴潮预警级别分为Ⅰ、Ⅱ、Ⅲ、Ⅳ四级警报，分别表示特别严重、严重、较重、一般，颜色依次为红色、橙色、黄色和蓝色。

(1) 风暴潮Ⅰ级紧急警报（红色）：受热带气旋影响（包括台风、强热带风暴、热带风暴、热带低压，下同）影响，或受温带天气系统影响，预计未来沿岸受影响区域内有一个或一个以上有代表性的验潮站将出现超过当地警戒潮位 80 cm 以上的高潮位时，至少提前 6h 发布风暴潮紧急警报。

(2) 风暴潮Ⅱ级紧急警报（橙色）：预计未来沿岸受影响区域内有一个或一个以上有代表性的验潮站将出现超过当地警戒潮位 30 cm 以上 80 cm 以下的高潮位时，至少提前 6 h 发布风暴潮Ⅱ级紧急警报。

(3) 风暴潮Ⅲ级警报（黄色）：预计未来沿岸受影响区域内有一个或一个以上有代表性的验潮站将出现达到或超过当地警戒潮位 30 cm 以内的高潮位时，前者至少提前 12 h 发布风暴潮警报，后者至少提前 6 h 发布风暴潮警报。

(4) 风暴潮Ⅳ级预报（蓝色）：预计在预报时效内，沿岸受影响区域内有一个或一个以上有代表性的验潮站将出现低于当地警戒潮位 30 cm 的高潮位时，发布风暴潮预报。

预计热带气旋将登陆我国沿海地区，或在距沿岸 100 km 以内（指台风中心位置）转向以及温带天气系统将影响我国沿海地区，即使受影响海区岸段不出现超过当地警戒潮位的高潮位，也须发布风暴潮（含台风浪）预报。

在2006年10月由国家海洋局发布的《风暴潮、海浪、海冰和海啸灾害应急预案》中规定了各级预警报发布的流程和授权范围等，例如《预案》规定，风暴潮Ⅰ级紧急警报（红色）由国家海洋环境预报中心发布。在1 h内报送国务院值班室、国家防汛抗旱总指挥部、国家减灾委员会、国家海洋局、总参谋部等有关部门，受风暴潮影响的沿海省（区、市）、计划单列市人民政府以及海区、沿海省（区、市）、计划单列市海洋预报（中心）台等。风暴潮Ⅰ级紧急警报（红色）应通过中央电视台和中央人民广播电台播放，国家海洋环境预报中心应在2 h内送达中央电视台和中央人民广播电台，负责与中央电视台和中央人民广播电台协商，在就近整点新闻或新闻联播中播放，跟踪播放情况，并将播放情况报国家海洋局海洋环境保护司。

下面为国家海洋局东海预报中心发布的一次风暴潮警报实例：

国家海洋局东海预报中心　　　　黄色

风暴潮警报

时间：2007年10月6日16时

编号：风暴潮0716—04　　　　签发：

东海沿海风暴潮Ⅲ级警报

国家海洋局东海预报中心根据《风暴潮、海浪、海冰和海啸灾害应急预案》发布风暴潮Ⅲ级警报（黄色）。

受今年第16号超强台风“罗莎”影响，预计今天夜里起：福建省中、北部沿海和浙江省沿海有50～100 cm的风暴增水，7日早晨继续增大到80～120 cm；7日中午起至傍晚福建省北部沿海和浙江省中、南部沿海的增水继续增大到150～250 cm。

预计上述岸段今天夜间的高潮位将不会超过当地的警戒水位；明天早晨部分验潮站的高潮位将接近或略超当地的警戒水位。请密切关注我中心后续预报，并切实做好防潮、防浪的各项准备工作。

具体高潮位预报如下：

站名	日期	高潮时	高潮值（cm）	警戒潮位（cm）	基面
东山	6 日	22：01	220	250	黄零基面
	7 日	09：49	210		
厦门	6 日	21：18	285	376	
	7 日	09：18	280		
崇武	6 日	20：42	310	350	
	7 日	08：46	320		
平潭	6 日	20：01	290	343	
	7 日	08：07	300		
白岩潭	6 日	20：51	290	330	
	7 日	08：45	330		
梅花	6 日	19：42	310	360	
	7 日	07：49	355		
三沙	6 日	19：03	310	341	
	7 日	07：14	350		
沙埕	6 日	18：54	285	310	
	7 日	07：02	320		
鳌江	6 日	18：33	530	560	吴淞
	7 日	06：57	560		
温州	6 日	19：16	490	580	
	7 日	07：16	530		
海门	6 日	18：15	485	560	
	7 日	06：22	510		

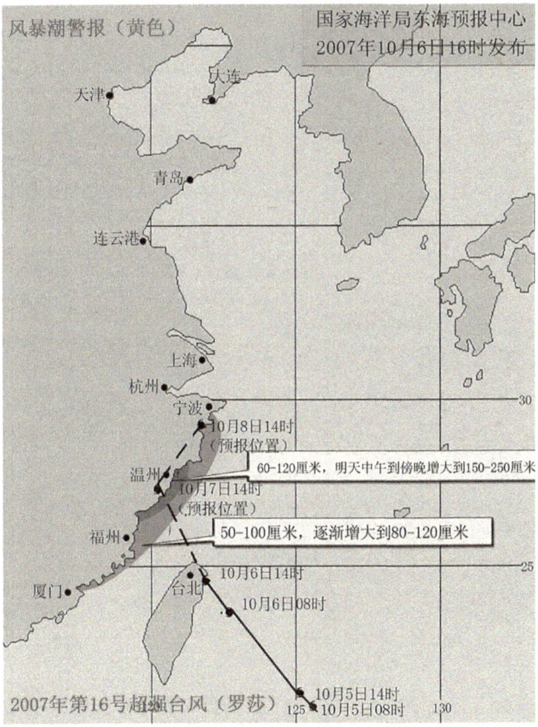

发往：国家海洋预报中心、东海分局环保处、指挥处、办公室；江苏省海洋与渔业局；江苏省防汛指挥部办公室；浙江省海洋与渔业局；浙江省海洋监测预报中心；宁波海洋预报台；温州海洋预报台；舟山海洋工作站；福建省海洋与渔业局；厦门海洋预报台；闽东海洋监测预报中心；东海舰队航保部。

联系人：邬惠明　　　　电话：021－56975943　56637190　13651957358
传真：021－56637570　　　　　　网址：http：//www. oceansh. org

目前国家和沿海省市各级政府一般都制定了防御风暴潮的应急预案，预案规定防范风暴潮灾害的组织指挥体系及相关单位的职责、应急响应、保障措施和善后工作等。目的是全面提升防御风暴潮灾害的能力，最大限度地减轻风暴潮灾害带来的损失，保障人民群众生命财产安全和社会经济的持续稳定发展。

第3章 海 浪

3.1 海浪及灾害性海浪的定义

海浪是指由风产生的海面波动，其周期为0.15～25 s，波长为几十厘米至几百米，波高一般为几厘米至20 m，在罕见的情况下，波高可达30 m。

灾害性海浪通常是指海上波高达6 m及其以上的海浪。因为波高等于或大于6 m的海浪对航行在世界大洋的大多数船只已构成威胁，它能掀翻船只，摧毁海上工程和堤岸工程，给航海、海上施工、海上军事活动、渔业捕捞等带来极大的危害。灾害性海浪可以按照产生它们的大气扰动来加以分类，一般可将灾害性海浪分为由热带气旋（包括热带低压、热带风暴、强热带风暴、台风、强台风和超强台风）、温带气旋和寒潮大风造成的三大类，分别称他们为台风浪、气旋浪和寒潮浪。

3.2 海浪的种类和特征

海浪的波高总是有高有低，波长和周期有长有短，对此需要用一些海浪要素来描述。图3.1为某一固定点海浪自记仪记录的波面变化，横坐标代表时间，纵坐标代表波面相对静止水面的铅直位移。

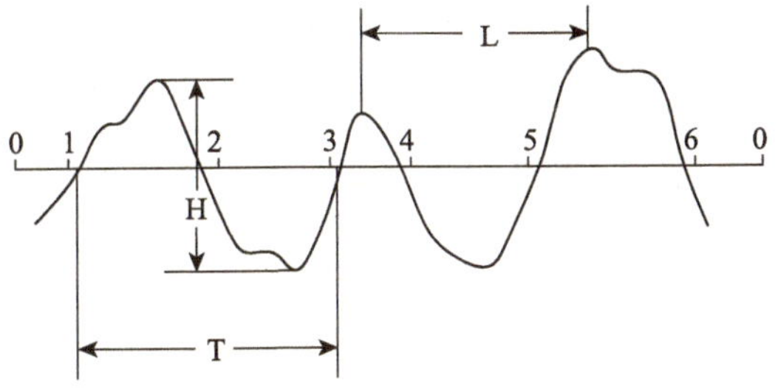

图3.1 海浪要素图解

图中相邻的波峰与波谷间的铅直距离为波高 H，两个相邻的波峰（或波谷）间的水平距离为波长 L，如果把自下而上跨过横轴的交点称为下跨零点（例如 1、3、5），自上而下跨过横轴的交点称为上跨零点（例如 2、4、6），那么相邻两个上跨零点（或下跨零点）间的时间间隔为周期 T。在单位时间内的水平位移为波速 C，并有：

$$C = L/T$$

表示波形陡峭的量为波陡 λ，并有：

$$\lambda = H/L$$

周期的倒数 $(1/T)$ 为频率 ω。

海浪包括风浪、涌浪和近岸浪三种。风浪：在风的直接作用下的产生的水面波动。风浪波面粗糙，风浪大时波峰附近有浪花和大片泡沫，波峰线短。涌浪：风停后或风速风向突变区域内尚存的波浪和传出风区的波浪。具有较规则的外形，排列整齐，波面较平滑，波峰线长，一般涌浪周期较风浪长，涌浪周期越长，传播得就越快、越远，由于长周期的涌浪传播速度比台风、温带气旋等天气系统移动快，因此涌浪往往能成为一种预警信号。近岸浪：由外海的风浪或涌浪传到海岸附近，受地形作用而改变波动性质的海浪。随着海水变浅和波动遇障碍物，会引起波动折射、绕射和反射等，使波高发生变化，近岸浪的波峰前侧陡，后侧平，直至倒卷破碎。大多数情况下风浪和涌浪并存，两者叠加而成的海浪称为混合浪。

实际海浪变化十分复杂，含随机性质，并非单一的波高、波长和周期的波动，而是由许多个振幅、周期和位相不同的简谐波之叠加。尽管如此，它仍存在一定的统计规律性。为此常用一些海浪特征量来表示，常用浪高特征量是平均波高 $\overline{H}$ 和有效波高 $H_{1/3}$。平均波高 $\overline{H}$：指一段连续记录的所有波高的平均值。有效波高 $H_{1/3}$：指连续观测 100 个波高中取其最高的 33 个波的平均波高。一般船舶目测波高相当于有效波高。一般地：

$$\overline{H} = 1.596 \times H_{1/3}, T_{1/3} = 1.15T$$

式中 $T_{1/3}$，T 分别为有效波高和平均波高的周期。

3.3 影响风浪的因子

决定风浪高度的基本因子有三个：一是风速；二是风在下风方向上作用于水面的距离，即风区，简称风区；三是刮风的持续时间，即风时。一般地说，风越大浪也越高；在一定的风速条件下，风区距离越长，风浪就越高；

风时越长，风浪也就越高。但是，风浪随风区距离的增大和风时的增加而增大是有一定限度的。在一定的风速条件下具有一定的风区距离和一定的持续时间后，增强风浪因子的作用与阻碍风浪发展因子的作用达到基本平衡后，风浪高度也就不再增加了，也就是说在一定的风速条件下风浪的发展是有限度的。

在大洋海域，波浪的分布与海洋上风的区域分布具有相似的特征，这是由波浪与风的关系所决定的，风大则浪高。在近岸海域，当盛行风自大陆吹向海洋，或受地形阻挡的海湾和内海，由于风区距离短，波浪远较大洋上的小，例如浙江北部渔民有“东风魔儿西风佛”的谚语，因为东风风区较大，西风风区较小，两者引起的浪不一样。在浅水区，由于海底摩擦的作用，风浪也较小。

3.4 风浪等级

风浪的高低与风速大小密切相关，表 3.1 给出风浪和海况与风速（级）的一般对应关系。

表 3.1 风浪等级表

风力			海浪称谓	海面状态	浪高	
蒲氏风级	n mile/h	m/s			有效波高（m）	最大波高（m）
0	<1	0～0.2	无浪	海面平静如镜	0.0	0.0
1	1～3	0.3～1.5	无浪	波纹呈雨鳞状，浪头无白沫	0.1	0.1
2	4～6	1.6～3.3	无浪—小浪	有微波，波峰顶呈玻璃状，但未破碎	0.2	0.3
3	7～10	3.4～5.4	小浪	微波较大，波峰开始破碎，间或出现白浪	0.6	1.0
4	11～16	5.5～7.9	小浪—中浪	小浪，形状开始拖长，且频繁地出现	1.0	1.5
5	17～21	8.0～10.7	中浪—大浪	中浪，形状开始拖长，白浪较多，间有浪花飞溅	2.0	2.5
6	22～27	10.8～13.8	大浪	大浪开始出现，白浪到处可见，浪花较多	3.0	4.0
7	28～33	13.9～17.1	大浪	风浪涌起，风将碎浪白沫随风吹成条纹	4.0	5.5

续表

风力			海浪称谓	海面状态	浪高	
蒲氏风级	n mile/h	m/s			有效波高（m）	最大波高（m）
8	34～40	17.2～20.7	非常大浪	形成大浪，波峰开始破碎成浪花，飞沫沿风向被吹成明显条纹	5.5	7.5
9	41～47	20.8～24.4	非常大浪—巨浪	形成大浪，沿风向形成浓密飞沫条纹，风浪开始卷倒，激浅浪花影响能见度	7.0	10.0
10	48～55	24.5～28.4	巨浪	出现长卷峰非常大浪，导致飞沫成片，被吹成明显条纹，并且随风被吹成浓厚白色条纹，整个海面呈白色，海面波涛汹涌，咆哮轰鸣，能见度受到影响	9.0	12.5
11	56～63	28.5～32.6	非常巨浪	波涛汹涌，浪高足于遮掩中型船只，海面被随风白色飞沫完全覆盖，能见度低	11.5	16.0
12	64～71	32.7～36.9	极巨浪	海面空气充满浪花白沫，能见度受到严重影响	>14.0	>16.0
13	72～80	37.0～41.4	同上	同上	>14.0	>16.0
14	81～89	41.5～46.1	同上	同上	>14.0	>16.0
15	90～99	46.2～50.9	同上	同上	>14.0	>16.0
16	100～108	51.0～56.0	同上	同上	>14.0	>16.0
17	109～118	56.1～61.2	同上	同上	>14.0	>16.0

3.5 三大洋灾害性海浪气候特征

3.5.1 北太平洋

在北太平洋中北部海域，冬季因温带气旋和锋面的频繁活动而多大风，

1 月（图 3.2a）在约 30°～60°N 附近，波高≥3.5 m 的波浪（下面简称大浪）的频率达 20%～30%以上，中心区域的大浪频率达 40%以上。波高≥6 m 的波浪（下面简称狂涛）频率在 5%以上，中心区域的狂涛频率在 10%以上。主要浪向为西—西北，与盛行风一致。春季，北太平洋大浪区的宽度和强度都有明显减弱，例如 4 月份（图 3.2b）大浪频率 10%以上的区域宽度从 1 月的 43 个纬度减为 25 个纬度，4 月的大浪频率≥30%的区域和狂涛频率≥5%的区域大大缩小，只出现在冬季大浪区的中心部分（大约 160°～180°E、50°～55°N 左右的区域）。夏季是波浪最小的季节，7 月大浪频率一般均在 10%以下，狂涛频率均在 5%以下（图 3.2c）。这与温带气旋的活动由冬至夏逐渐减弱、风速相应变小是一致的。从夏至冬，随风速的增大，波浪又逐渐增大，大浪区范围也逐渐扩大。10 月，大浪频率在 10%以上的区域已接近 1 月，大浪频率在 20%以上的区域也比 4 月大得多，但中心区频率与 4 月相近，在 30%以上，比 1 月的 40%为低，且中心位置偏东，位于阿拉斯加湾的南部。狂涛频率在 5%以上的区域亦比 4 月稍有扩大（图 3.2d）。此外，秋冬季节东海、南海和菲律宾东部洋面也往往有较大的浪，局部地区大浪频率在 10%以上，这是在东北季风或东北信风作用下生成的，因而其主要浪向是北—东北。北太平洋其他海区的大浪很少。

在低纬度热带太平洋地区，因大风很少，波高<2.5 m 的波浪频率大都在 80%以上，甚至 90%以上。此外，水域较小或较封闭的海域大浪也很少，例如：白令海峡南部也是一个波浪较小的区域。亚洲大陆附近的暹罗湾、北部湾、渤海等地，即使在冬季风盛行之时，波高<2.5 m 的频率仍达 90%以上。

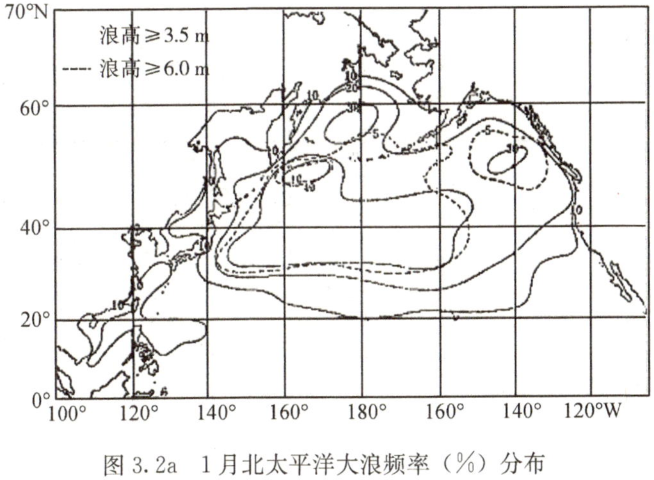

图 3.2a　1 月北太平洋大浪频率（%）分布

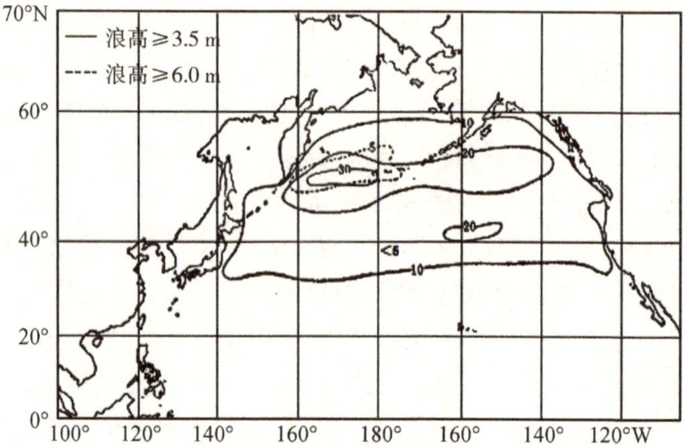

图 3.2b　4 月北太平洋大浪频率（%）分布

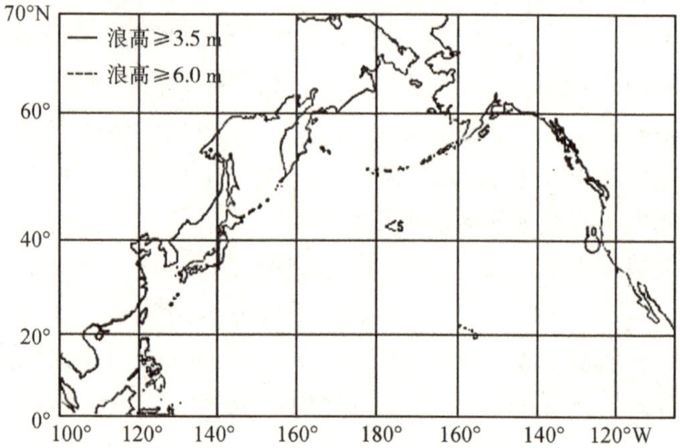

图 3.2c　7 月北太平洋大浪频率（%）分布

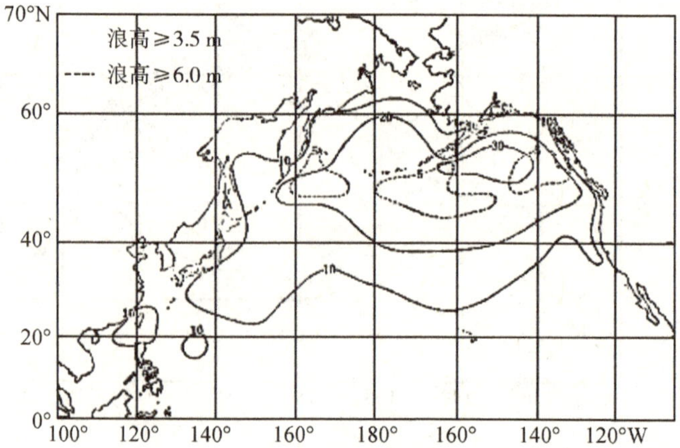

图 3.2d　10 月北太平洋大浪频率（%）分布

3.5.2 北大西洋

在北大西洋的中部广大海区，由于大风较北太平洋同纬度为多，因而大浪频率全年都比北太平洋中部高。1 月（图 3.3a），北大西洋中部大浪区中，大浪频率≥50%的区域为 40°～60°N 多，跨 20 多个纬度，其中心的大浪频率在 60%以上（北太平洋最多为 40%以上）；狂涛频率≥15%的区域也相当大，约跨 45°～63°N，而北太平洋上不出现≥15%的狂涛频率区。主要浪向为西北—西南。4 月，该大浪区范围和强度虽有明显的减弱，但大浪频率≥30%、狂涛频率≥5%的大浪中心区仍可分别跨 40°～61°N 和 45°～65°N 约 20 个纬度（图 3.3b）。和北太平洋一样，夏季（图 3.3c）也同样是北大西洋波浪最小的季节，但在冰岛南侧始终存在着大浪频率≥15%的区域。10 月（图 3.3d），大浪区中心的大浪频率迅速增至 40%以上，狂涛频率超过了 10%，不仅比 7 月大大增强，比 4 月也强得多，是向冬季最多大浪季节过渡。总之，虽然由于海洋面积的关系，北大西洋大浪区比北太平洋要小些，但它的浪高和大浪频率却全年都比北太平洋为高。

此外，在加勒比海南部也存在着一个以东北—东浪向为主的大浪区，其波浪一年四季均比周围区域大，有些月份大浪频率达 10%以上。

地中海的波浪与同纬度的大西洋的波浪相比要小得多，这一方面是由于地中海的风小一些的缘故，另一方面也与地中海的地形复杂、水面狭窄故而风区距离短有关。因而，除了秋季在埃及北部的局部海面上狂涛频率达到 2%以外，其余地区、其他季节的狂涛频率均在 2%以下。同时，大浪频率除冬季西地中海局部地区达 10%以外，一般均在 10%以下。

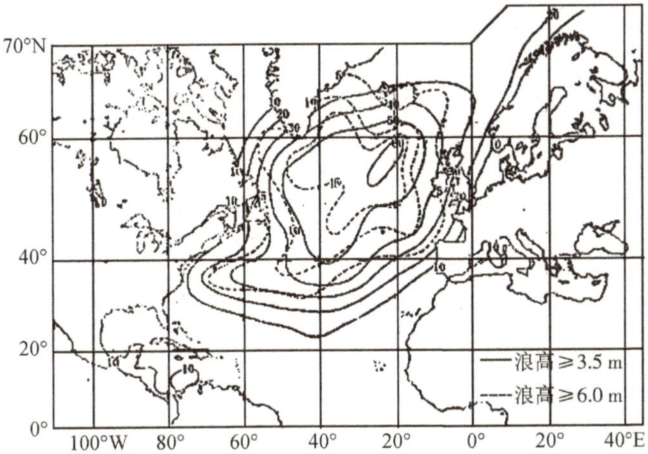

图 3.3a　1 月北大西洋大浪频率（%）分布

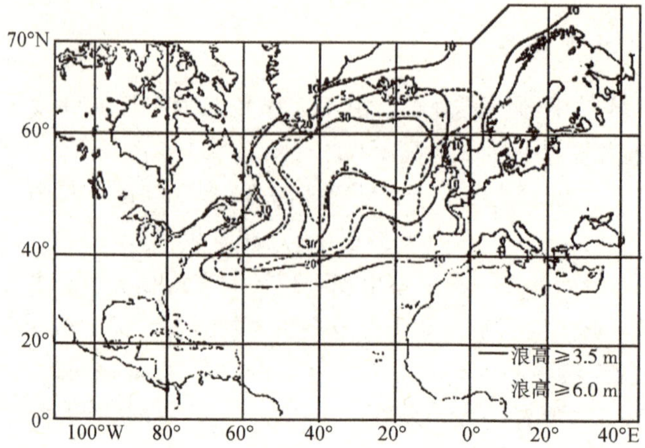

图 3.3b　4 月北大西洋大浪频率（%）分布

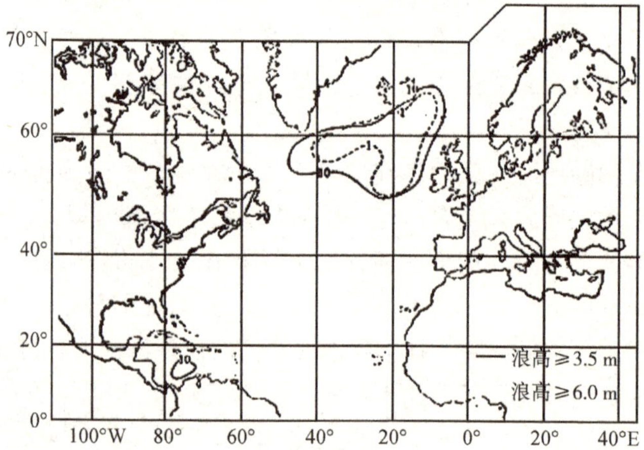

图 3.3c　7 月北大西洋大浪频率（%）分布

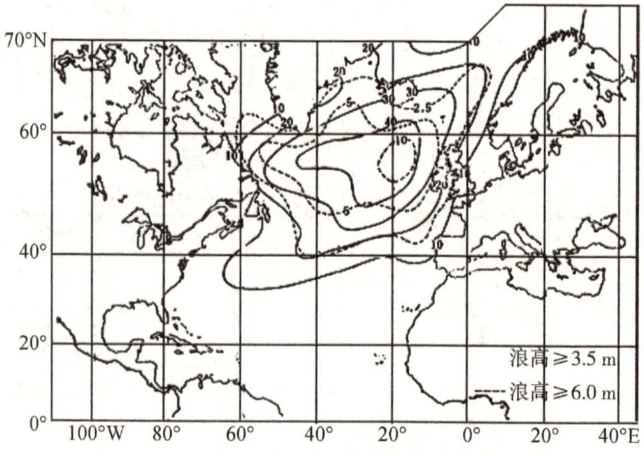

图 3.3d　10 月北大西洋大浪频率（%）分布

3.5.3 北印度洋

北印度洋是典型的季风地区，因而波浪也相应地具有明显的季节变化。由于冬季风远较夏季风为弱，因而在冬季，北印度洋的波浪是比较小的。从12月至翌年3月的东北季风时期，北印度洋3.5 m以上大浪的频率均在10%以下，波浪大体上由东北向西南逐渐增大，而小浪频率则减少。例如，在阿拉伯海和孟加拉湾东部，1.5 m以下波浪频率达80%以上，在索马里半岛东部海面以及锡兰岛与印度半岛之间，波浪较高，1.5 m以上的波浪频率≥60%。

盛行西南季风的夏季是风速较大、波浪较高的季节，尤其阿拉伯海是如此。6月份在阿拉伯海大浪区中心，大浪频率已达40%以上，狂涛频率也在5%以上；孟加拉湾浪稍小些，大浪区中心的大浪频率在10%以上。7月份波浪最大，阿拉伯海大浪区中心（位于索科特拉岛以东）大浪频率达60%以上，狂涛频率在10%以上；孟加拉湾则变化不大，大浪区中心的大浪频率仍在10%以上。8月份，阿拉伯海大浪区中心的大浪频率已降至30%以上，但狂涛频率仍可达10%以上；孟加拉湾的大浪区中心的大浪频率已降至10%以下。9月份阿拉伯海大浪区的大浪中心频率已减小到10%以上了，大浪频率≥10%的区域范围也大大减小了。在夏季，不仅浪大，浪向亦相当稳定，在7月的索科特拉岛东方（大浪区中心），西南浪向的频率达77%，由南至西的浪向频率共为97%。

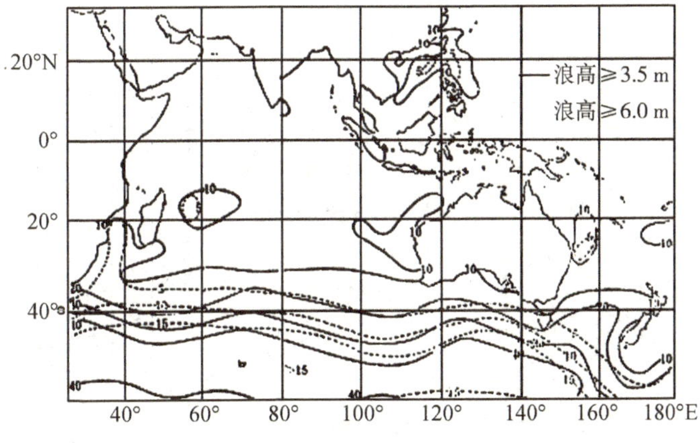

图3.4a 1月印度洋大浪频率（%）分布

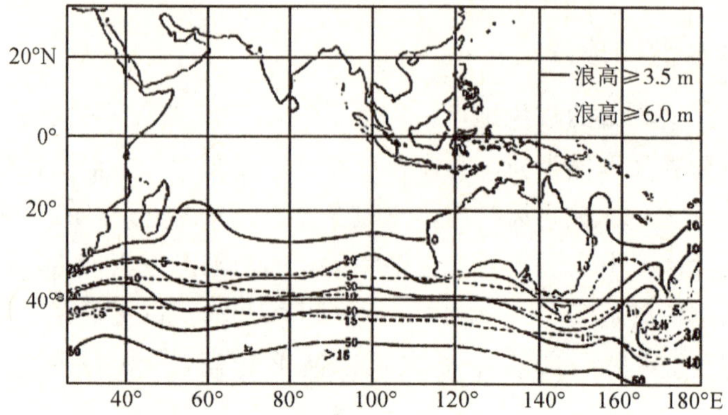

图 3.4b　4 月印度洋大浪频率（%）分布

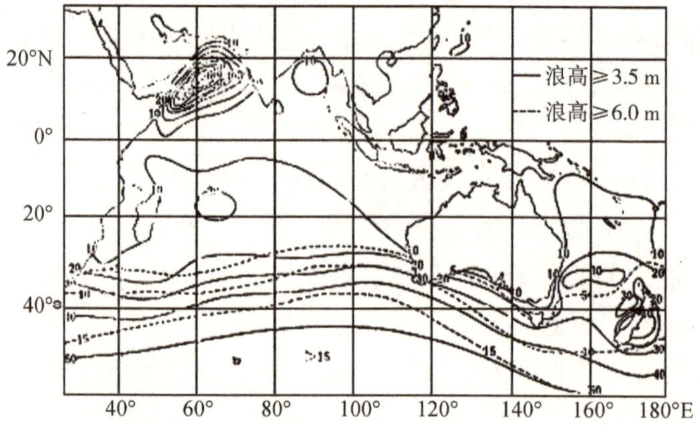

图 3.4c　7 月印度洋大浪频率（%）分布

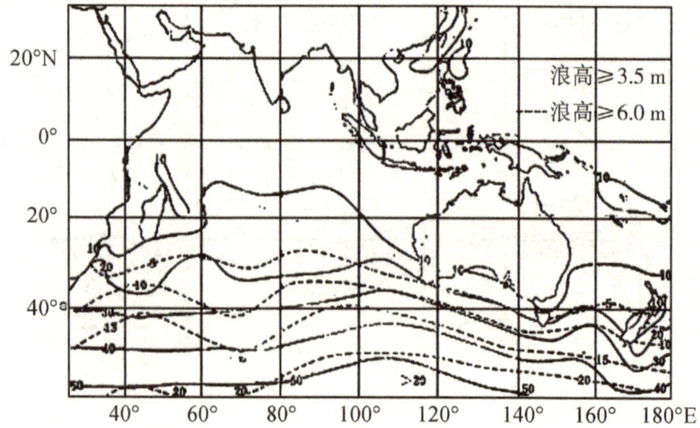

图 3.4 d　10 月印度洋大浪频率（%）分布

3.5.4 南半球

40°S以南的咆哮西风带风力强盛，风向稳定，大陆影响小，致使海面上时常存在着强有力的波浪。这个大风大浪区域的中心，狂涛频率全年都在15%以上，大浪频率全年都在40%以上。风、浪尤以南半球冬季月份最大。在冬季一些月份，狂涛的中心频率达20%以上，大浪频率达50%以上。在冬季月份不仅风、浪最大，大风大浪的范围也广，大风大浪区的北界比夏季偏北。以印度洋为例，1月份大浪频率为40%以上的北界在41°S左右，而7月份大浪频率为40%以上区域的北界达36°S。

3.6 我国灾害性海浪气候特征

中国海域位于欧亚大陆东南部并与太平洋相通，受世界最大陆地和最大海洋的影响，南北冷暖空气交换异常活跃。夏季，我国的南海和东海频繁遭受台风浪的袭击，在冬季和春秋季，我国的渤海、黄海、东海常常受到气旋浪和寒潮浪的袭击。

据资料统计，中国近海及其邻近海域平均每年出现28次6 m以上的狂浪区，相当于每13 d发生1次；9 m以上的狂涛区平均每年出现6次左右，相当于每2个月出现1次。也就是说，我国的渤、黄、东、南海和邻近我国的巴士海峡、台湾省以东洋面，非南则北，每年大约有150 d处于狂风巨浪的困扰中，因而这里是世界上最不“平静”的海洋之一。

总的来看，东海区域（包括台湾海峡、台湾省以东洋面和巴士海峡）是我国海浪灾害最频繁、最猛烈的区域，占全国56%的灾害性海浪发生在此海区。

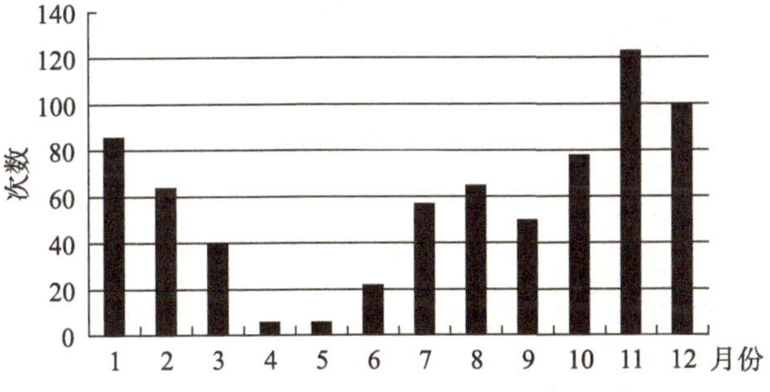

图3.5 中国近海灾害性海浪每月平均发生频率

中国近海虽全年都有灾害性海浪发生，但各月间的差别较大。11 月最多，为 122 次，而最少的 4 月份只有 11 次。11 月至翌年 2 月共发生 373 次，占全年总数的 53%。而 3—6 月共发生 83 次，仅占全年总数的 11%。

3.6.1 渤海灾害性海浪的时空分布

我国渤海是个面积不大的浅水内海，平均水深 26 m，因风区小，灾害性海浪的频率也小，平均每年仅 0.9 次（在 1983—2007 年中，寒潮浪 9 次，气旋浪 121 次，台风浪只有 2 次）。而渤海海峡，因水较深，且当吹偏东风或偏西风时，有足够长的风区，加上狭管效应，风浪易于成长，曾出现过 13.6 m 的最大波高。

渤海冬季涌浪向多为北向，次多涌浪向多为南向（北部）和东南向（南部），涌浪波高一般为 0.7～1.0 m，最大值达 5.0 m。春季涌浪向多为南向（北部）和西南向（南部），次多涌浪向为西南向（北部）和西向（南部），涌浪波高是全年中最小的，一般为 0.4～1.0 m。夏季涌浪向多为南向（北部）和东北向（南部），次多涌浪向为东北向（北部）和南向（南部），涌浪波高一般为 0.6～1.0 m，最大值达 5.0 m。秋季涌浪向多为西向（北部）和北向（南部），次多涌浪向为北向和东北向，涌浪波高是全年中最大的，一般为 1.0～1.5 m，最大值达 5.5 m。

3.6.2 黄海灾害性海浪的时空分布

黄海的灾害性海浪次数较多，年平均为 5.9 次（据统计，在 1983—2007 年中寒潮浪 81 次，气旋浪 45 次，台风浪 22 次）。在成山头外海的黄海中部，受沿岸流和黑潮支流影响，出现狂浪时容易发生海难，有“中国好望角”之称。

黄海冬季涌浪向多为北向，次多为东北向，涌浪波高一般为 0.4～2.0 m，最大值达 6.0 m。春季涌浪以南向为主，涌浪波高一般为 0.5～1.5 m，最大值达 6.0 m。夏季涌浪以南向和东南向为主，涌浪波高一般为 0.3～2.0 m，最大值达 7.5 m。秋季涌浪以西北向和北向为主，涌浪波高一般为 0.4～3.0 m，最大值达 7.0 m。

3.6.3 东海及台湾近海灾害性海浪的时空分布

东海的灾害性海浪次数则更多，年平均 9.8 次（在 1983—2007 年中，寒潮浪 94 次，气旋浪 46 次，台风浪 104 次）。台湾海峡虽面积很小，但灾害性海浪频繁发生，年平均 6.1 次（在 1983—2007 年中，寒潮浪 74 次，气旋浪

11 次，台风浪 68 次）。尤其是冬季北—东北风时，因狭管效应，极易出现 4 m以上的巨浪。台湾省以东洋面及巴士海峡，由于与太平洋相通，水深浪大，具有大洋海浪的特点，其灾害性海浪频率也较大，年平均 11 次（在 1983—2007 年中寒潮浪 100 次，台风浪 175 次）。台湾省以东洋面和巴士海峡的灾害性（尤其是该海区的台风浪）海浪常会影响和扩展到东海、台湾海峡和南海。

东海冬季涌浪向多为北向，次多为东北向和西北向，涌浪波高一般为 1.0～2.5 m，最大值达 8.0 m。春季涌浪多为东、东北和北向，涌浪波高一般为 1.0～1.5 m，最大值达 7.0 m。夏季涌浪以南向和东南向为主，涌浪波高一般为 0.9～2.0 m，最大值达 12.5 m。秋季涌浪以北向和东北向为主，涌浪波高一般为 1.5～2.5 m，最大值达 10.5 m。

3.6.4　南海灾害性海浪的时空分布

南海面积广阔，水深浪大，也具有大洋海浪的特征。灾害性海浪在南海出现的频率最大，年平均为 14.1 次，其中台风浪年平均为 7.6 次。南海是受台风浪影响最严重的海区之一，而气旋浪的影响主要限于黄海和东海，对南海影响不大。

南海冬季涌浪向多为东北向，涌浪波高一般为 1.0～2.3 m，最大值达 8.0 m。春季涌浪向随地区而异，南海北部和吕宋海峡南部以东、东北向居多，北部湾以南向为主，其他海域以南向和西南向为主，涌浪波高一般为 0.5～1.3 m，最大值达 4.0 m。夏季涌浪以南向和西南向为主，涌浪波高一般为 0.6～2.1 m，最大值达 5.0 m。秋季涌浪以东北向为主，涌浪波高一般为 0.8～3.0 m，最大值达 7.5 m。

3.7　灾害性海浪的天气形势

3.7.1　台风天气过程中的海浪分布

台风的范围一般有近千千米，风力强劲，能引发很大的波浪。由于台风中风向是旋转的，它造成的波浪由台风区向四方扩散到范围广大的海域。台风内风浪最大区域位于风向与台风移动方向一致的区域，即台风移动方向的右半部分，该区域风速大、风时长。波浪最小的区域是风向与台风移动方向相反的区域，因其区域风速相对较小、风时较短。在台风中心，虽然风力较小，但由于台风区中波浪都向中心汇集，波浪很大，且出现波陡很大的三角浪。在远离台风区的海上有规则、整齐的涌浪。

台风浪主要发生在每年7—10月的台风季节，占全年总数的73%，其中仅8月便占全年总数的21%，而1—6月仅占全年总数的16%（图3.6）。

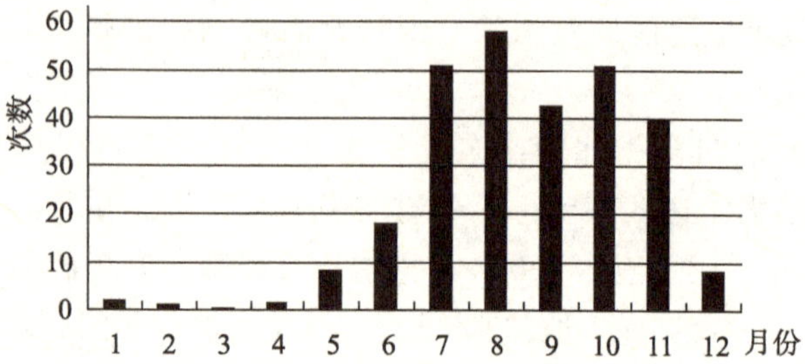

图3.6 中国海及临近海6 m以上台风浪逐月次数

3.7.2 强冷空气天气过程中的海浪分布

强冷空气天气过程的风场特点是风向一般为北—西北，风区不断的随冷锋南移而从北向南扩展。由于这种风在各海区洋面上吹的大多是离岸风，所以波浪在海洋北部生成，不断向南传播，在传播过程中成长变大，因而造成西北小、东南大的分布。并且这种风的风力风向比较稳定，波浪的大小分布在风吹刮相当时间后即进入稳定状态，离海洋的西北岸愈远，波浪愈大。在冷锋过后数小时内，波浪即达到最大，即在地面锋线后300 km左右海面波浪最大。在35°N以北海区，冷锋速度通常大于涌浪波速，故锋前一般没有涌浪，但到了35°N以南海面后，冷锋速度减慢，锋前一般都出现涌浪。

寒潮浪主要发生在冬半年。11月至翌年2月的发生次数占全年总数的84%，其中仅12月便占全年总数的25%，夏季的6—8月则没有发生，春、秋季仅占全年总数的16%（图3.7）。

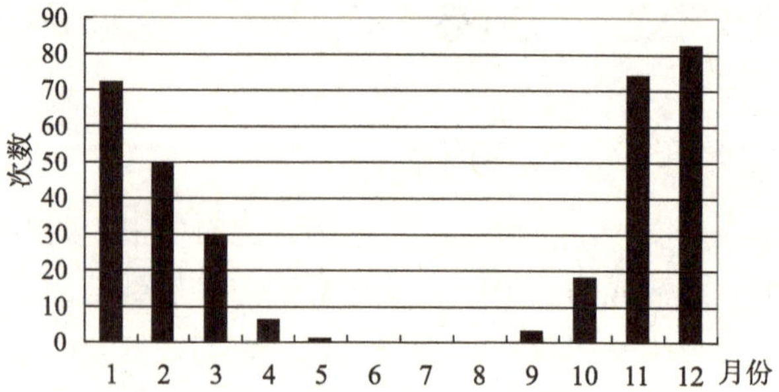

图3.7 中国海及临近海6 m以上寒潮浪逐月次数

3.7.3　温带气旋天气过程中的海浪分布

温带气旋的风场特点是在气旋中有三部分不同风向而都在移动着的风区，在冷锋后为偏北风，风区向东移动方向与风向垂直，但同时风区也向南扩展移动；暖区是偏南风，风区移动方向与风向成 30°～60°；暖锋前偏东风区，风区移动方风向与风向约成 120°～150°角度。通常冷锋后偏北风力最强、风时最长、风区扩展方向与波向相同，故波浪最大，低压区中的最大波高亦出现于冷锋后附近海面。暖区中偏南风次之，风浪较大；暖锋前偏东风的风时最短、风力较弱、风浪最小。低压中心的附近海区波浪并不很高，往往在中心经过后数小时至十多小时后波浪才达到最大值。因此实际上，海上经常出现气旋与冷空气共同影响的天气形势。影响中国海及邻海的主要气旋路径有三类：①黄河气旋：气旋从我国大陆移入渤海或黄海北部；②江淮气旋：气旋从我国大陆移入黄海南部；③东海气旋：气旋从我国大陆移入东海。这三类气旋东移入海后经常经历爆发性发展过程，它们特别多地发生在进一步东移至日本海以后，往往造成灾害性的波浪。

气旋浪主要发生在 10 月至翌年 3 月的冬半年，占全年总数的 77%，而 4—9 月的夏半年发生次数仅占全年总数的 23%（图 3.8）。

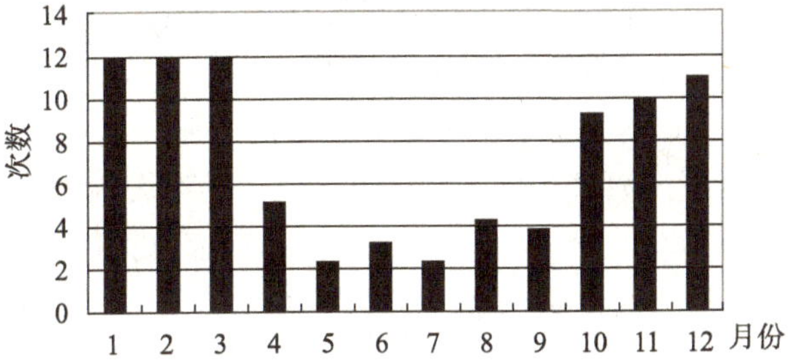

图 3.8　中国海及临近海 6 m 以上气旋浪逐月次数

3.8　海浪灾害案例

海上自然破坏力的 90%来自海浪，仅 10%的破坏力来自风，海上常说的“避风”，实际上是“避浪”。计算表明，4 级风时，波浪的压强常超过 1300 kg/m^2，是风压的 10 倍，当风力为 11～12 级时，波浪的压强可达 13000 kg/m^2，波浪可使船舶倾覆，甚至把万吨轮折成两段。据统计，海上巨浪造成的海难占世界海难的 70%左右。由强烈大气扰动如热带气旋（台风或称飓风）、温带气旋和强冷空气大风引起的海浪，在海上常能掀翻船舶、摧毁海上工程和海岸工程，给航海、海上施工、海上军事活动、渔业捕捞等带来灾害。因此，海浪灾害是最严重的海洋灾害之一，也是发展海洋经济的最大障碍。有史以来，地球上差不多有100多万艘船舶沉没于惊涛骇浪之中。近几十年来海浪给迅速发展的海上油气勘探开发事业带来巨大损失。据统计，从1955—1982年的28a中，由狂风巨浪在全球范围内翻沉的石油钻井平台有36座。1980年的阿兰（Allen）飓风，同时摧毁了墨西哥湾里的4座石油钻井平台。1989年11月3日，“盖伊”台风在泰国南部暹罗湾横行2 d，狂风巨浪使500多人失踪，150多艘船只沉没，美国的“海浪峰”号钻井平台翻沉，84人被淹死。我国类似的海难事故也发生多起，1979年11月25日，我国的“渤海2号”石油钻井船受寒潮浪袭击在渤海沉没，船上79名工作人员全部落水，除救起2人外，其余77人全部遇难；1983年10月6日，美国ACT石油公司的“爪哇海号”钻井平台受到波高达8~15 m的8316号台风浪袭击在南海沉没，船上81名中外人员全部遇难；1991年8月15日，美国ACT石油公司大型铺管船“DB29”号，在躲避9111号台风的航行中被台风浪冲击为两段后沉没，船上人员全部落水，经12架飞机，14艘救捞船历经32小时的奋力抢救，救起189人，死亡14人，失踪6人。据对1982—1990年的统计，中国近海因台风浪翻沉各类大小船舶14345艘，损坏9468艘，死亡、失踪4734人，受伤近40000人，平均每年沉损各类船舶2600艘，死亡520人，每年因海浪灾害造成的直接经济损失约10亿元人民币。

以下是近几年我国海浪灾害的一些详细案例。

2001年，我国近海海域各海区4 m以上巨浪累计天数为329 d，其中渤海6 d，黄海29 d，东海103 d，台湾海峡79 d，南海112 d。海上巨浪给浙江、山东、海南、广东和江苏等省造成了较为严重的损失，因巨浪沉没、损坏大小船只共618艘，死亡、失踪265人，直接经济损失约3.1亿元。其中，浙江省沉船176艘，死亡、失踪156人，经济损失约1.69亿元；山东省沉没货轮2艘，翻沉、损坏渔船250艘，死亡、失踪4人，经济损失约1.2亿元；海南省沉船13艘，损坏船只150艘，死亡、失踪39人，经济损失约1200万元；广东省沉船19艘，死亡、失踪37人，经济损失逾800万元；江苏省沉船8艘，死亡、失踪29人，经济损失约100万元。

2002年，台风“威马逊”7月3日02时在台湾省以东洋面达到最强，近中心最大浪高12 m。受其影响，7月3—6日，福建省北部、浙江、上海、江苏、山东近海先后出现4～5 m巨浪。期间，浙江省沉损船只1200艘，直接经济损失1.2亿元；长江口深水航道2个大型圆柱沉箱受海浪冲击移位，直接经济损失5000万元。

2003 年 2 月 22 日，受黄海气旋和冷空气影响，渤海、黄海出现 4 m 巨浪，大连渤海轮船公司所属的“辽旅渡 7”轮从山东龙口市开往辽宁旅顺途中，在渤海海峡北砣矶岛西北 8 n mile 处沉没。死亡 4 人，直接经济损失 1000 万元。当天另有一艘小型渔船在长海县附近海域遇难沉没，船上 4 人全部失踪，直接经济损失 30 万元。10 月 11—12 日浙江舟山市普陀永和海运有限公司货船“顺达 2”号和上海运得船务有限公司货船“华源胜 18”遇到大风巨浪，分别在渤海中部和西部海域沉没，“顺达 2”船 29 人、“华源胜 18”船 11 人下落不明，直接经济损失 5000 万元。

2004 年，台风“海棠”于 7 月 17—20 日在台湾省以东洋面、东海和台湾海峡形成 9 m 以上的台风浪。浙江南麂海洋站实测最大波高 13.5 m；国家海洋局东海 18 号海洋观测浮标（27.5°N，122.53°E）实测最大波高 10 m；福建平潭海洋站实测最大波高 5.8 m，北礵海洋站实测最大波高 5.2 m。

2005 年，台风“云娜”于 8 月 11—13 日先后在东海、台湾海峡、南海、黄海形成 5～12 m 台风浪。受台风浪袭击，浙江省沿海台州市、温州市、宁波市、舟山市等市、县的渔业受到严重损失；福建省宁德、福州、莆田 15 个县市和上海市的渔业、水利设施也受到严重损失。

2006 年，超强台风“桑美”于 8 月 8—10 日在台湾省以东洋面、东海和台湾海峡形成 7～12 m 的台风浪。受“桑美”台风浪影响，在福建省沙埕港避风渔船遭到毁灭性的打击，沉没船只多达 952 艘，损坏 1139 艘（见图 3.9a，b），死亡几百人。2006 年，我国近海共发生 55 次因冷空气与气旋浪造成的海浪灾害，死亡 165 人，直接经济损失 1.34 亿元

图 3.9a “桑美”台风在福建南麂岛引起的狂涛巨浪

图 3.9b “桑美”台风浪造成福建沙埕港重大损失

3.9 海浪预报

3.9.1 海浪的经验预报方法

简单而实用的风浪预报方法是建立风速与波高的经验关系，例如常用的波级表。但因风浪受制于风速、风时、风区和海区形态多因素的影响，简单套用波级表作预报必将造成较大的波高预报误差，为了提高预报准确率，可采用分海区、分风向建立风速和波高的统计关系。风—浪经验关系一般沿用波高与风速呈幂律数学关系形式：

$$H = aV^b$$

式中系数 a 和 b 由各海区海面风与浪高的历史观测资料，通过统计回归分析确定。但这种经验关系当存在较大涌浪时准确性较差。

例如，有人计算获得的南海中部海域的风浪关系如下：

北 — 东东北风：　$H = 0.18V^{1.11}$

东 — 南东南风：　$H = 0.28V^{0.97}$

西西北 — 北西北风：　$H = 0.44V^{0.72}$

南 — 西风：　$H = 0.38V^{0.70}$

计算表明，当南海中部风速大于 10 m/s 以上时，风速与波高的关系明显地随风区而不同，北—东东北的风向下风区最长，同样风速下波浪最高。

也有对不同天气类型进行分类制作灾害性海浪预报。一般分三类：一是冷空气过程，二是气旋过程，三是台风过程。对于每种类型的天气过程，确定各自的预报指标或气象要素与海浪经验公式，并依此制作大浪预报和警报。

3.9.2 海浪数值模式预报方法

海浪数值模拟和模式预报的发展，离不开关于海浪成长、消衰和传播的海浪理论的发展。随着对海浪各种物理过程和参数化形式认识的深入，海浪数值预报模式经历了从第一代到第三代的发展过程。第一代海浪模式是1960—1970年代初期发展起来的，它的物理基础是谱能量平衡观点，其后发现，其中的普适高频平衡谱形式并不存在。第一代海浪模式还有其他一些基本的定量性的缺陷，例如过高地估计了风的能量输入，低估了非线性传输的强度，它们几乎都差了一个数量级。在1970年代，广泛的波浪成长试验以及风输入给波浪能量的直接观测，导致了第二代海浪模式的发展，它从根本上改变了作为第一代预报模式基础的谱能量平衡观点，但由于受计算机条件的限制，第二代海浪模式采用简化的参数化形式的非线性传输，其应用受到一定限制，在使用时需要给定高出峰值频率的那部分高频风浪谱的谱形。虽然从理论上可证实对于一般天气尺度的风场将波谱调整为准通用谱形这一做法是可行的，但是第二代海浪模式不能很好地模拟快速变化风场中产生的风浪，例如：飓风、小尺度强气旋或锋面，这些模式在处理风浪与涌浪传输时也遇到了一些基本的难题。海浪的数值模拟发展到20世纪末已达到比较成熟的阶段。西欧一些国家自1985年起着手开始了第三代波浪数值预报的研究计划，成立了一个WAM（Wave Modelling Group）小组。他们的目的是更全面地考虑能量平衡方程中的各个项，以包括更多的物理过程，开发一个全球的波浪数值预报模式。第三代海浪模式的特征是直接计算波一波非线性相互作用，通过积分作用力（能量）平衡方程，并且不对谱形预加任何约束，其改进归结为各源函数项的计算。第三代海浪模式的另一优点是能够处理风速、风向的骤然变化，而较早的模式无此能力。现在WAM已被国际上广泛使用，许多国家将其作为业务化的运行模式发布区域或全球的海浪预报。但在近岸浅水区，由荷兰科学家开发的SWAN（Simulating Wave Nearshore）模式具有较好的海浪模拟精度。美国NOAA/NCEP（国家海洋大气管理的环境预报中心）环境模拟中心海洋模拟小组（Ocean Modeling Branch）1996年在Delft技术大学和美国航空航天局Goddard空间飞行中心分别开发的WAVEWATCH和WAVEWATCH Ⅱ的基础上，开发了一个全谱空间的第三代海浪数值模式WAVEWATCH Ⅲ，该模型主要用于大尺度空间波浪传播过程，在传播过程中考虑了地形和海流空间变化导致的波浪折射作用、浅水变形作用和线性的波浪传播运动等。2000年初，WAVEWATCH Ⅲ正式成为NECP的全球业务化预报模式。

我国海浪理论及预报研究始于新中国成立后。海浪理论研究的开创者是中国科学院院士文圣常教授。1960年代文圣常教授就将当时国际上盛行的能量平衡法和谱方法两种计算海浪的方法结合起来，导出了随风时或风区成长的普遍风浪谱，被称为“文氏风浪谱”，文圣常等在我国“七五”科技攻关项目成果中提出了一种新型混合型海浪数值模式，这是我国具有自主创新特点的模式。该模式的风浪部分基于有效波的能量平衡方程，将当时风浪能量计算中所有无法避免的经验成分集中于一项，并通过可靠的风浪成长经验关系予以确定。该模式有两个显著特点：一是可靠性，由于以可靠的风浪成长经验关系得到源函数取代通常逐项计算源函数，避免了复杂的、难以精确的计算手续，使模式的精度得到根本的保证；二是节约机时，由于综合性源函数避免直接计算波－波相互作用，节省大量的计算量，在相同条件下所用机时仅约为WAM模式的1/60。此模式已经过大量各种天气形势下海浪的预（后）报检验，并已在国家和地区性海洋预报中心投入业务化应用。我国在海浪方面的另一重要进展是袁业立院士等改进了国际盛行的WAM模式，发展了在全新提法基础上的第三代海浪数值模式LAGFD-WAM（Keylaboratory of Geophysical Fluid Dynamics-WAM）模式。该模式用理论导出的能量耗散源函数取代了WAM模式中的经验公式，使高海况下的计算结果有明显的改进。同时还在控制方程中引入了浪－流相互作用项，考虑了非均匀和非定常流场的作用。在计算方案上，引入了嵌入特征线方法，不仅适于物理空间，而且适于波数空间。

现今的海浪数值模拟是在严格的海浪理论基础上建立起来的，海浪的物理机制，如风浪生成机制、小尺度海气相互作用、波浪破碎、底摩擦、波－波相互作用、波－流相互作用等的研究成果比较成熟，人们基本了解海浪的成长与消衰过程，海浪的数值模拟完全达到了业务化的要求。

3.10 海浪信息发布和海浪灾害的防御

3.10.1 海浪灾害的信息发布

经过20多年的努力，我国已建立了由国家海洋环境预报中心，以及广州、上海、青岛三个分局海洋预报区台和海南（海口）、广西（北海）、福建（厦门）、辽宁（大连）四个省海洋预报台组成的我国海浪预报网。预报已由近海扩大到太平洋、印度洋、大西洋和南极大陆近海。1982年9月27日，按照政府间海洋学委员会（IOC）和世界气象组织（WMO）的规定，由国家海洋环境预报中心每天通过无线传真，同时以 3 个频率向世界发布西北太平洋海浪实况图和西北太平洋海浪预报图。并于 1986 年 7 月 1 日起，每天通过中央电视台和中央人民广播电台播放中国海和西北太平洋 24 h 海浪预报。同时还通过电传、电报、电话、有线传真向国内外用户提供上述海区和世界其他大洋的专项预报服务，服务领域包括海洋运输、海洋科学考察、海洋石油开发、海洋渔业、海上军事活动等进行的海上施工、重要拖航、海上救助、海上体育比赛、海上旅游等。近年来，每当灾害性海浪袭击我国大陆近海时，及时地向国家防汛指挥部、沿海省（区、市）政府及其防汛指挥部门、中国石油总公司、海军以及沿海渔业部门发布灾害性海浪警报，由此大大地减轻了海浪造成的危害。经过多年预报结果统计，目前灾害性海浪的 24 h、48 h 和 72 h 预报准确率分别为 88.8%、86.5%和 82.1%。

3.10.2　海浪灾害的预警和应急预案

在 2006 年 10 月国家海洋局发布的《风暴潮、海浪、海啸和海冰灾害应急预案》中，把海浪预警级别分为Ⅰ、Ⅱ、Ⅲ、Ⅳ四级警报，分别代表：特别严重、严重、较重，一般，颜色依次为红色、橙色、黄色和蓝色。

海浪Ⅰ级警报（红色）：预计未来受影响沿岸海域出现达到或超过国际波级表 7 级狂浪（有效波高 6.0～8.9 m）时，或者东经 130°以西海区出现达到或超过国际波级表 9 级怒涛（有效波高大于 14 m）时，至少提前 12 h 发布海浪紧急警报。

海浪Ⅱ级（橙色）：预计未来受影响沿岸海域出现达到或超过国际波级表 6 级巨浪（有效波高 4.0～5.9 m）时，或者东经 130°以西海区出现达到或超过国际波级表 8 级狂涛（有效波高 9.0～13.9 m）时，至少提前 12 h 发布海浪警报或海浪紧急警报。

海浪Ⅲ级（黄色）：未来受影响沿岸海域出现达到或超过国际波级表 5 级大浪（有效波高 2.5～3.9 m）时，或者东经 130°以西海区出现达到或超过国际波级表 7 级狂浪（有效波高 6.0～8.9 m）时，至少提前 12 h 发布海浪警报。

海浪Ⅳ级（蓝色）：参照世界气象组织规定，无论预报海区有无大浪出现，每天都要按时发布 24 h、48 h、72 h 海浪预报。

《预案》中规定了各级预警报发布的流程和授权范围等，例如，国家海洋环境预报中心根据国家海洋环境监测预报系统提供的预警信息，预计将达到海浪Ⅰ（红色）警报时，由国家海洋环境预报中心主任或其授权人签发，在 1 h之内以传真形式和其他通讯方式报送国务院值班室、国家防汛抗旱总指挥部、中国国际减灾委员会、国家海洋局、总参谋部等有关部门和受海浪影响的沿海省（自治区、直辖市）、计划单列市人民政府以及海区、沿海省（区、市）、计划单列市海洋预报（中心）台等。海浪Ⅰ级紧急警报（红色）应通过中央电视台和中央人民广播电台播放，国家海洋环境预报中心应在 2 h 内送达中央电视台和中央人民广播电台，负责与中央电视台和中央人民广播电台协商，在就近整点新闻或新闻联播中播放，跟踪播放情况，并将播放情况报告国家海洋局海洋环境保护司。海浪Ⅰ级紧急警报（红色）还应向国家海洋局海监总队、中国海事局、中国海上救助打捞局、农业部渔政局、海上石油生产部门、航海部门发布。

以下是国家海洋预报台发布的一次海浪警报实例。

海浪警报（橙色）

警报：0716－12

国家海洋预报台，北京

2007 年 10 月 8 日　星期一 16:00 时发布

受今年第 16 号热带风暴“罗莎”影响，预计今天夜间到明天白天，东海（29°N，125°E 附近海面）将出现 6 m 的狂浪区，黄海南部将出现 4 m 到 5 m 的巨浪，江苏省、上海市、浙江省沿海将出现 3 m 到 4 m 的大浪和巨浪，山东省、福建省沿海将出现 2.5 m 到 3.5 m 的大浪，请沿海各有关单位采取防浪避浪措施。

海浪预报图如下：

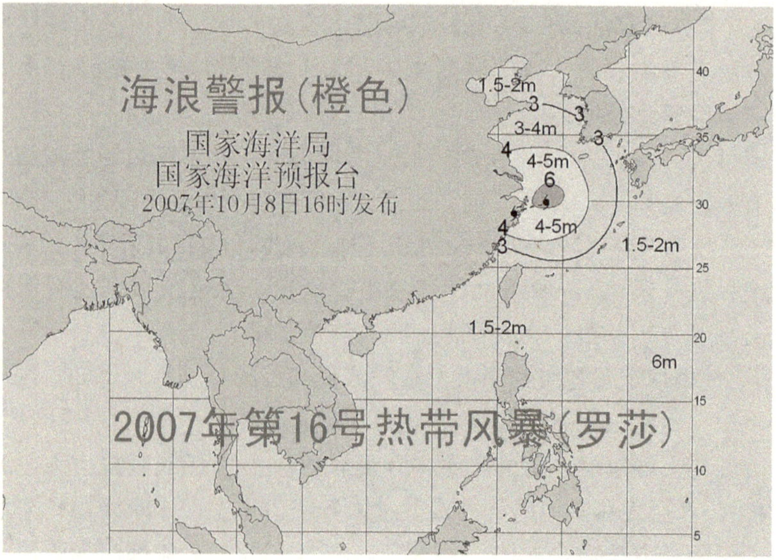

海浪值班电话：010－62173572

传真：010－62173620　　　　　　网址：www.nmefc.gov.cn

目前沿海省市各级政府，以及海洋运输、海洋石油、海洋渔业、沿海军事等部门一般都制定了防御灾害性海浪的应急预案，预案规定防范海浪灾害的组织指挥体系及相关单位的职责、应急响应、保障措施和善后工作等。目的是全面提升防御海浪灾害的能力，最大限度地减轻海浪灾害带来的损失，保障人民群众生命财产安全和社会经济的持续稳定发展。

第4章 海雾

4.1 海雾的定义

海雾是海洋上低层大气中的一种水汽凝结（华）现象，由于水滴或冰晶（或二者皆有）的大量积聚，使水平能见度降低到 1 km 以下，雾的厚度通常在200～400 m 左右。海雾在海上形成后，会随风逐流，向风的下游扩展。在沿海地区，海雾可以登陆深入陆地，有时达几十千米，登陆后的海雾，仍保持海雾的特征，但在新的环境影响下，很快变性消散，或变成低云。在近海处，登陆的海雾虽不断消散，却又不断有新的海雾从海上补充，所以沿海地区有时海雾会持续几天。

海雾无论在海上还是在沿岸地带，都因其恶劣的能见度对交通运输、海洋捕捞和海洋开发工程以及军事活动等造成不良影响，雾水中的盐分对建筑物的侵蚀也是不可忽视的。因此海雾是一种灾害性天气。海雾预报不仅对海上和沿海地区的工交和农渔业很有意义，而且对海军和航空部队尤其重要。

4.2 海雾的形成条件

海雾是指在海洋影响下生成在海洋上的雾，它是在特定的海洋水文和气象条件下产生的，换句话说，海雾在那些经常可以满足成雾条件的海区出现的机会多，反之亦然，因而海洋上海雾的分布具有很强的区域性和季节性。

海洋上雾的绝大多数是平流雾，因此这里将着重介绍平流雾的形成条件。

1. 冷的海面

大量观测结果证实，平流雾大都出现在冷海面水域上空。尤其在沿着气流方向海水表面温度迅速降低的水域，即寒暖流交汇区的冷水面上或水平温度梯度较大的海陆交界地区，移经其上的暖湿气流更容易变性冷却使水汽凝结，雾在这些水域就更加频繁多见。例如，发源于白令海和鄂霍茨克海的亲潮寒流在北海道东岸与黑潮相遇，形成强大的冷暖流锋区，它是日本以东洋面成为“海上雾都”的主要原因。冷的海面是形成海雾的重要条件，但是海水表面温度“冷”有一临界值，观测表明，海雾发生地区域大致限于表面水温低于 20℃的冷海面。我国沿海水域的海雾发生区域大多与这个水温界限相符合。例如，2 月华南沿海正是海雾最多的水域，而此时从北部湾经琼州海峡直到台湾海峡，表面水温均低于 20℃，与多雾区域十分吻合。5 月份，表面水温等 20℃线推移到浙江沿海和东海中部，而此时正是这个海区海雾最为频繁的时期。对于 20℃表面水温这个界限，也并非各海区都是一样的，像黄海北部 8 月份的雾就发生在表面水温低于 24℃的海面上。正因为如此，有人认为我国近海有利于雾生成的表面水温的界限值应该确定为 24℃。必须指出，海雾发生与否并不完全取决于单一的海面水温条件，只有当水温条件和气象条件都合适，才可能有利于雾的发生。例如，2 月黄海和东海的表面水温虽然不到 20℃，但时处隆冬，风大，空气中水汽含量少，不能提供合适的成雾气象条件，所以海雾很少。4、5 月之后，黄、东海表面水温仍低于 20℃，但此时气象或雾条件优越，多有海雾发生。

2. 一定的海气温差

如上所述，平流雾的生成，除了表面水温低于某界限值的条件之外，还取决于海面水温和气象条件的配合，其中就有水温与气温之间的配合。但是，海水表面温度与其上的空气温度之间差值（即气温与海面水温之差）究竟达到多大时，才最有利于雾的生成呢？对于这个问题，过去曾经有人认为，海气温差愈大，愈有利于雾的形成。其实不然，大量的观测事实表明，当气温高于海面水温 1℃左右时，雾出现最多。在气温高于水温的情况下，雾次数随着气温与水温差值的增大而逐渐减少，当差值大于 8℃以后，雾就很少发生。这是因为海水有着巨大的热容，海面水温不会很低，若气温比水温高得多时，空气的饱和水汽压就变大，难以达到饱和，从而不利于海雾的生成。另外，当在气温稍低于水温时，也可以见到有相当数量的雾出现，并且雾次数随着水温高于气温的差值的增大而不断减少。以长江口外海域为例，图 4.1 给出在多雾的 5 月份气海温差与雾出现频率的关系。可见在气温高出海温 2～3℃时雾最常见，雾大多集中在气温高出海温 0～6℃范围内，当温差达到 8℃以上时雾极少出现。

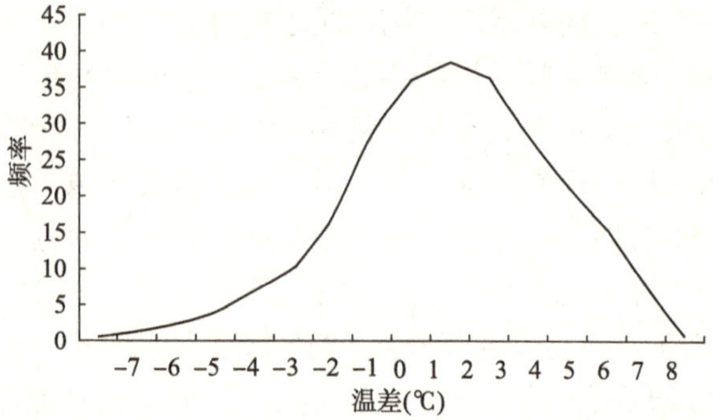

图 4.1　5 月份长江口外海面气海温差与雾发生频率的关系

3. 适宜的风场

暖湿气流的长时期存在，对海雾的生成与发展相当重要，它可以不断向雾区补充成雾必需的大量水汽和热量。所以有雾生成时，一般盛行偏南或偏东气流。在我国，有利于雾形成的风向随海区而异。一般说来，东中国海水域，以偏南风时雾最多，南海则以偏东风时雾最为常见。

海上风速的大小与海雾的形成也有着密切的关系。风速过大，会使空气层中产生较强的湍流交换，促使上层空气的热量往下传送，妨碍低层冷却，不利于雾的形成；风速太弱，一方面空气中的湍流交换相当弱，只能使海面上很浅薄的一层空气冷却，同时风速太弱也不能大量输送暖湿空气到达海面，即使有雾生成，也不能长久维持。例如，西北太平洋和北大西洋，海雾发生时的风力多为 2～3 级或 3～4 级，风力 2～4 级时出现的雾频率可达全部雾的 70％以上；风力在 1 级以下和 6 级以上时，雾较少出现。

图 4.2 给出长江口外海域在多雾的 5 月份海雾发生时各级风速出现的频率。

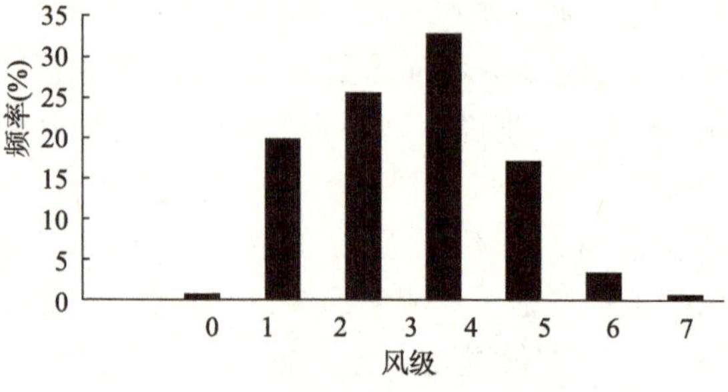

图 4.2　5 月份长江口外海雾发生时各级风速出现的频率

4. 充足的水汽含量

过去不少人认为，雾形成时的相对湿度应达 100%，即处于饱和状态。近年来的许多观测结果表明，海雾形成时的相对湿度并不一定达到 100%，有时相对湿度在 80%以上便有雾发生，这可能与海上有丰富的吸湿性极强的凝结核（盐粒）有关。相对湿度的大小和雾的关系还有某种日变化的特征。一般凌晨和夜晚时刻发生的雾大多数出现在空气处于或接近饱和状态之下，并且随着相对湿度值的稍稍减小，雾次数会迅速减少；当相对湿度低于 95%，就不再有雾生成，在中午时间，雾次数随相对湿度的减小变化不大，当相对湿度低到 88%时，还能有雾发生。

5. 较强的逆温层结

雾是大气处在稳定层结状态下的一种凝结现象。在海雾的形成过程中，低层大气通常总有逆温层存在，它像一个无形的盖子，阻挡着水汽向上空扩散，抑制低层大气的对流发展，使水汽和凝结核聚积在低空，对雾的形成极为有利。在稳定性的雾中，最典型的温度垂直廓线是雾层中表现为微弱的降温和等温，而在其上则是逆温。平流雾雾层上的逆温的出现率约为 90%左右。通常逆温强度越强时，逆温层的厚度越大，常见的逆温层厚度在 400～500 m 左右。

6. 特定的大气环流形势

海雾的形成往往与一定的天气系统活动相关联，特别是在高气压区域内，对雾的生成和维持最为有利。虽然雾多见于高压区内，但其他天气系统伴随的雾也有一定的比重。例如，日本海的雾主要出现在北太平洋高压和鄂霍次克海高压区内，约占 36%；冷暖锋产生的锋面雾也不少，约占 30%，由于雾是稳定层结下出现的天气现象，所以锋面雾多出现在锋面降水不活跃的地方，像低压后部、暖锋前的降水区域等。其余雾产生在低压区，低压边缘和静止锋等天气系统内。

4.3 海雾的种类

按照雾的形成原因，大致可以将雾分为两大类：一类是受下垫面影响而形成的雾，如平流雾、混合雾和辐射雾等；另一类是受特定天气系统影响而生成的雾，如锋面雾。其他还有受海岛、海岸等地形影响形成的雾。海上常见的是平流雾和锋面雾。

4.3.1 平流雾

因空气平流作用在海面上生成的雾。它包括两种：

（1）平流冷却雾。又称暖平流雾，有时简称平流雾，为暖气流受海面冷却，其中的水汽凝结而成的雾。这种雾比较浓，雾区范围大，持续时间长，能见度小，春季多见于北太平洋西部的千岛群岛，北大西洋西部的纽芬兰附近海域和我国黄海北部海域。

（2）平流蒸发雾。海水蒸发，使空气中的水汽达到饱和状态而成的雾，又称冷平流雾或冰洋烟雾。冷空气流到暖海面上，由于低层空气下暖上冷，层结不稳定，故雾区虽大，雾层却不厚，雾也不浓。从两极区域流出的冷空气到达其邻近暖海面上或在巨大冰山附近的水域上时，均可生成平流蒸发雾。

4.3.2 混合雾

（1）冷季混合雾。海上风暴产生的空中降水的水滴蒸发，使空气中的水汽接近或达到饱和状态。这种空气与从高纬度来的冷空气混合，就冷却而成雾。这种雾多出现在冷季。

（2）暖季混合雾。海上风暴产生的空中降水的水滴蒸发，使空气中的水汽接近或达到饱和状态，这种空气与从低纬度来的暖空气混合，即冷却而成雾。这种雾多产生在暖季。

4.3.3 辐射雾

（1）浮膜辐射雾。漂浮在港湾或岸滨的海面上的油污或悬浮物结成薄膜，晴天黎明前后，因辐射冷却而在浮膜上产生的雾。

（2）盐层辐射雾。风浪激起的浪花飞沫经蒸发后留下盐粒，借湍流作用在低空构成含盐的气层，夜间因辐射冷却，在盐层上面生成的雾。

（3）冰面辐射雾。高纬度冷季时的海面覆冰或巨大冰山面上，因辐射冷却而生成雾。

4.3.4 锋面雾

从锋面以上暖空气里下降的雨滴洒落到冷空气里后，如果雨滴温度远高于其周围的冷空气温度时，雨滴会不断蒸发，使锋面以下的冷空气里水汽增多。当水汽多到不能被冷空气容纳时，就会有水汽的凝结现象发生。如果这种凝结现象出现在近地面层，就形成了雾，即所谓锋面雾。由于这种雾是与锋面降水同时发生的，所以又常称为雨雾。

4.3.5 地形雾

（1）岛屿雾。空气爬越岛屿过程中冷却而成的雾。

（2）岸滨雾。产生于海岸附近，夜间随陆风漂移蔓延于海上。白天借海风推动，可漂入海岸陆区。

另外，空气层结的改变，可使海雾升高变为层云，也可以使层云降低变成海雾。中国东海岸和美国西海岸都有这种现象。

4.4 大洋海雾的气候特征

全球各大洋的海雾，类型虽然很多，但其中范围大、影响严重的主要是受冷海流影响产生的平流雾。这种雾多在春夏盛行，尤以夏季为最，此时雾的浓度大，持续时间长，严重的可持续一两个月。

4.4.1 北太平洋海雾

北太平洋区域的海雾，主要集中在25°N以北的水域，即中国沿岸、朝鲜沿岸、库页岛沿岸、日本本州的东部、北海千岛近海、堪察加沿岸、阿留申群岛附近、阿拉斯加南岸、美沿岸等地，25°N以南的广大热带洋面，雾极少出现。

在25°N以北的北太平洋西部和中部水域，雾季相当集中，多出现在4—8月，雾频率的年变化呈峰度较陡的单峰型；东部水域则不同，其多雾季节有两个：6—9月和1—3月。各水域最多雾月份由南向北往后推迟，南部海区在6月，北部海区在7月。雾频率的区域分布有着自西向东不断减少的特点，西部水域40°～45°N的地带，雾特别频繁，5—8月各月雾频率均在20%以上，6、7月份雾频率高达40%～50%；中部和东部水域的多雾地带都位于45°～50°N，中部水域雾季各月频率皆在10%以上，最多雾月份可达40%左右，但东部水域最多雾月份的频率还不到15%。这里将着重介绍北太平洋水域几个多雾区的时空特征。

1. 日本海多雾区

日本海的西部，自鞑靼海峡北口，沿俄罗斯滨海州直至朝鲜半岛东岸，有里曼冷流经过，冬季水温很低，有4个月结冰。在日本海东部，受北上的对马暖流影响，冬季水温高达10℃以上，这两股冷暖洋流之间相当大的水平温度梯度，是日本海多雾的重要原因。

在鞑靼海峡和日本海西部，4—8月为多雾季节，最多雾月份出现在6月，秋冬月份雾几乎绝迹（图 4.3）。在日本海东部（139°E），雾季仍在春夏时期，最多雾月份在南部海区为 7 月，北部海区为 6 月，但雾日数较少，只有 10 d 左右。将同一纬度各经度之间的雾日数进行比较，可知日本海的雾日数总是由西向东递减的。

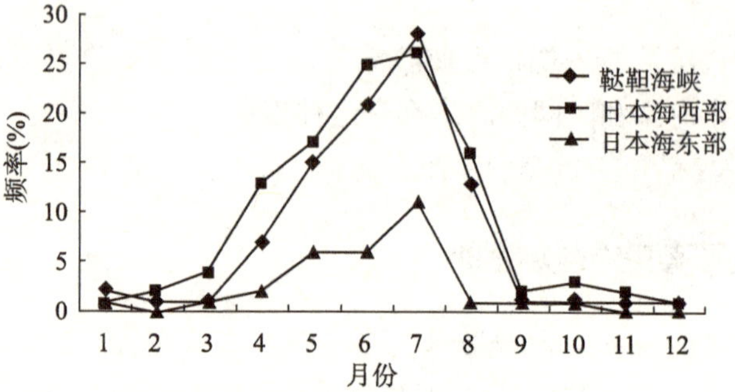

图 4.3　日本海各海区雾频率的季节分布

2. 千岛近海多雾区

千岛群岛附近和鄂霍次克海南部海区，是世界闻名的多雾区域，可以称为海上的“雾都”。鄂霍茨克海南部海区的雾，主要是在鄂霍茨克海高压区内生成的。来自鄂霍茨克海高压的冷湿的东北气流，吹送到鄂霍茨克海南部温度更低的水面上空时，经常形成平流雾。鄂霍茨克海高压一般从 5 月份开始逐渐变强，到 9 月份急剧衰减，因此多雾季节在鄂霍茨克海南部海区为 4—8 月，北部海区为 5—9 月（图 4.4）。千岛群岛近海正处于亲潮寒流和黑潮暖流的交汇区域，海面水温的水平梯度相当大，每逢春夏季节，小笠原群岛高压的势力渐渐强盛起来，控制和影响的区域也不断向北扩张，偏南的暖湿气流吹到亲潮冷水域上空后，经常形成浓雾，多雾季节为 4—9 月。在鄂霍茨克海南部东桦太寒流和千岛群岛近海深层冷水涌升的水域，6—8 月各月雾频率高达 50%～60%，因夏季盛行南—东南风的关系，千岛北岸海面的雾稍有减少，一般为 30%～40%。从宗谷海峡至北见沿岸的水域，由于经常受到对马暖流的影响，海雾较少，8 月雾频率已不到 10%。秋冬季节，盛行干冷的西北气流，整个海域雾很少出现，11—3 月各月雾的频率大都低于 5%。

3. 北洋海域多雾区

40°N 以北的太平洋，简称为北洋海域。这个水域相当辽阔，东西横跨 60 多个经度，南北相距 20 多个纬度，故将其以 180°E 为界分成北洋西部与北洋东部水域加以分析。

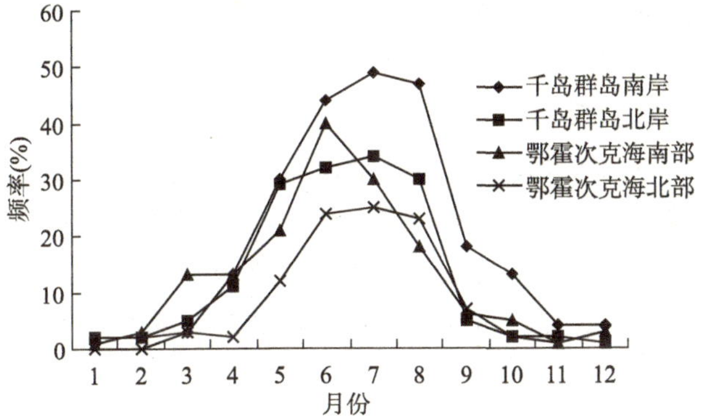

图 4.4　千岛群岛附近和鄂霍茨克海南部海区雾频率的季节分布

(1) 北洋西部水域

这里是黑潮暖流和白令海峡冷流的汇合处，只要当风从暖流面吹向冷流面，不论是东风或是南风都会在冷流面上形成广大而浓厚的雾区。雾通常在暖热时期发生，夏季雾区伸展很广，南起 40°N，北到 50°N，西自北海道东海岸，东到阿留申群岛，往往弥漫一片。雾季在 5—8 月，以 7 月最多。在雾季里，各海区的雾频率由南往北逐渐增加，到 45°～50°N 之间达到最大值，再往北雾频率反见减小（图 4.5）。

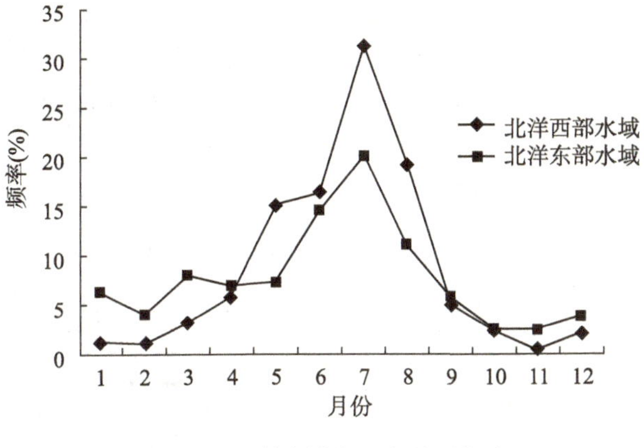

图 4.5　北洋水域海区各月雾频率

40°N 以北的北洋西部水域，正是我国到加拿大温哥华距离最短的大圆航线，但由于夏季多雾，冬季多大风浪，所以海员一般不选用这条航线。冬季船舶多取道关岛附近，然后经夏威夷海面驶往温哥华。夏季多取道大圆航线和冬季航线的中间航线。

(2) 北洋东部水域

北洋东部水域位于副热带高压的东半部，副高吹出的偏南气流主要伸展到阿留申群岛以南水域，在西风漂流上空经常生成雾；在美国西岸近海，有一加利福尼亚冷流，在冷水上翻的海区，雾也常见到。图 4.5 给了出北洋东部水域某些海区雾的季节变化。

由图可见，在北洋东部水域的西部海区，雾主要集中在 6—8 月，7 月最多，雾常见区域位于 45°～50°N。东部海区雾普遍比西部海区少，且不再是单峰型，而是双峰型了。雾的最大频率仍出现在夏季月份里，冬季月份为一个相对的次最大频率。这可能与冬季月份气旋活动主路径通过此海域时产生锋面雾天气有关。

4.4.2 南太平洋海雾

南太平洋海雾主要出现在 40°S 以南的广大中高纬度西风漂流区的洋面上空。秋季和冬季的雾稍微少些，4—7 月各月雾频率普遍在 2%～5%之间，7 月雾最少，大部分水域雾频率不足 2%。春夏季节雾的现象增多，频率加大，一般在 5%以上，较高纬度地区可出现雾频率大于 10%的水域。塔斯马尼亚和新西兰之间的海面，是东澳暖流和西风冷流的汇合处，雾较易在冷流上生成，但多雾区域不广。总的来看，西南太平洋的雾比东南太平洋多些，由于 40°S 以南的水域恰好是南半球咆啸西风盛行的地带，西风风速很大，不太利于海雾的生成，所以与北太平洋相对应的多雾纬度带相比，其频率低得多。

南半球的洋面广阔，与南极相通，冷流势力比北半球强得多，秘鲁冷流一直可以影响到赤道，从 5°S 附近至智利圣地亚哥的沿岸都是水温很低的冷水海岸，一旦有暖湿气流途径冷水面上空，较易生成雾。故在南半球的夏半年期间，这个地区雾比较多，12—4 月各月雾频率均在 5%以上，有的月份甚至达到 10%以上；而冬半年的雾却很少。此外，这种雾仅限于沿岸一狭窄地带，进入大陆后，雾便很快消散。图 4.6 给出了西南太平洋沿岸一些站点的

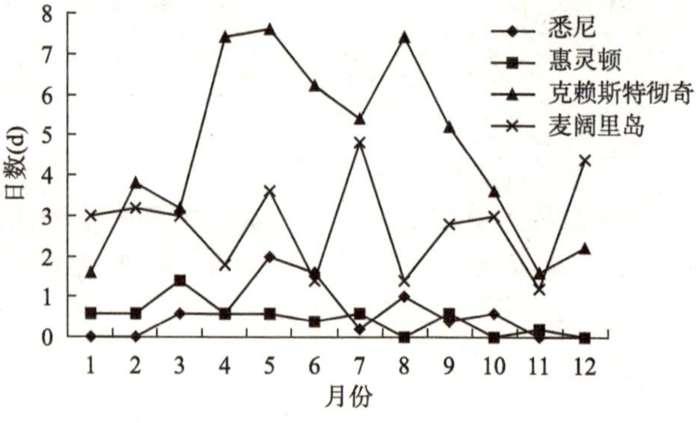

图 4.6 西南太平洋沿岸一些站点的各月雾日数

各月雾日数。从年雾日数来看，40°S 附近的惠灵顿和以北的悉尼，雾都比较少，不到 10 d。从 40°S 往南，雾日数迅速增多，至 45°S 附近雾日最多，可达 48～55 d，再往南，雾日数又见减少。

4.4.3 印度洋海雾

在北印度洋和南印度洋的热带洋面区域，终年水温很高，受它的影响，接近海面的低层空气温度也比较高，致使低空的水汽经常处于未饱和状态；加之热带洋面上的空气对流活动比较活跃，低空的水汽不断地随上升气流向高空逸散，这些水域就难得见到雾了。印度洋的海雾主要集中在 35°S 以南的广阔洋面上空，多雾区域大体呈带状分布，雾频率由北往南逐渐增加，频率值在 2%～10%之间。爱德华王子群岛附近海域，正处在厄加勒斯、马达加斯加暖流与较冷的西风漂流汇合地带，各月雾频率都在 5%～10%或以上，是印度洋上海雾最多的区域。南半球的夏季月份，较强的暖湿气流吹送到西风冷流上空，形成平流雾，因而夏季雾较多，45°S 以南的水域雾频率可达 5%以上。冬季，冷空气活动频繁，多大风天气，雾比夏季少，多数水域雾频率在 2%～5%之间，有些海区尚不足 2%。

4.4.4 大西洋海雾

大西洋的雾，主要分布在南（北）纬 35 度以南（北）的洋面，大致可分为以下几个多雾区域。

1. 纽芬兰岛外海雾区

这里是墨西哥暖流和拉布拉多冷流的交汇处，平流雾盛行，是世界上著名的多雾区域之一。在夏季，从北冰洋流入大西洋的冷流，水温仍然很低，而南来的暖湿气流经过墨西哥暖流变得更加温暖，当它流到冷流上面时就会产生浓厚的雾，雾区很大，可向东伸延到冰岛海面。雾频率在中心处 5 月超过 20%，6 月达 30%以上，7 月雾区范围最大，频率增至最高，40°W 以西、40°～50°N 之间的大片水域雾频率几乎都在 30%以上，纽芬兰岛邻近海面高达 60%左右。8 月，雾区的范围与 7 月相比开始往西南收缩，频率急剧减少，中心处约为 30%（图 4.7）。因此夏季的浓雾常使整个欧美航线受到很大的影响。冬季，气旋活动频繁，伴生有降水雾，但雾频率较夏季显著减少，中心处频率不到 10%，特别在 40°～50°N 的广阔洋面，冬季多大风，雾很少。

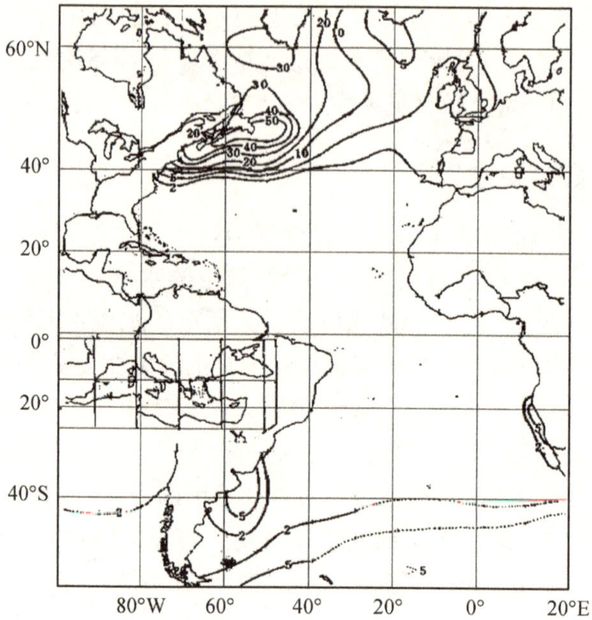

图 4.7　大西洋 7 月的雾频率（%）分布

2. 挪威、西欧沿岸和冰岛之间海面雾区

挪威海地处北大西洋暖流和冰岛冷流交汇地带，夏季暖湿的西南气流吹送到冰岛冷流上空，常可形成平流雾，因而 6—9 月各月雾频率均在 10%以上；冬季雾较少，其频率不足 5%。北海的雾区主要出现在英格兰东部和德国、荷兰西部近海。冬春季节，北海南部水域雾较多，频率在 5%～10%之间；夏秋季节仅在英格兰近海雾较多，频率亦为 5%～10%。挪威沿岸多峡谷和港湾，在秋冬季节常见辐射雾和陆上移往暖流上的蒸发雾。挪威、西欧沿岸和冰岛之间的海面，其雾区范围和频率都比纽芬兰附近海面小得多，但它也占据着欧美和西德与北欧的主要航道，加上英吉利海峡和北海等航道窄，来往船舶多，水流急而流向多变，从而增大了船舶航行的困难。

3. 南非西部近海雾区

这个海域由于深层冷水上翻，水温很低，一旦有暖湿气流吹送到此水域上空时，便很容易在近海生成雾，但雾区范围较小，雾的频率也不高，南半球冬季时期，频率高于 5%，其他季节不到 5%。

4. 阿根廷近海雾区

阿根廷近海位于巴西暖流和福克兰冷流的汇合处，在冷流上空可有雾生成，但雾频率各月都不高，为 5%或 5%以下。

5. 35°S 以南雾区

35°S 以南的洋面，终年气旋活动频繁，多降水雾，雾频率在南半球夏季稍多。40°～45°S 附近，雾频率一般可达 5%，由此往南雾的频率逐渐增加，雾区大体呈纬向的带状分布。

4.5 我国近海海雾的气候特征

4.5.1 我国海雾的地理分布

我国海域的雾主要集中出现在沿海水域。从北部湾、台湾海峡到黄、渤海海雾呈一带状分布，其宽度南北不一：南部宽约 100～200 km，舟山群岛雾区向东伸展较远，到 126°E，宽约三四百千米；北部海区有些月份雾区更宽，如黄海，6 月几乎整个海域都是雾区。这反映出雾区范围南窄北宽的特点。

我国沿海海雾分布的另一个特点是南少北多。北部湾、舟山到长江口以及黄海中南部是三个相对多雾中心（图 4.8）。我国海南岛以南的海面和台湾以东的海面，终年受暖流控制，水温较高，雾极少出现。琼州海峡和北部湾西北部冬春季节经常出现雾加毛毛雨的濛雨天气，年雾日可达 20～40 d；台湾海峡西岸和福建沿海年雾日达 20～40 d 不等；闽浙沿岸到长江口一带，年雾日增加到 50～60 d；黄海中部水域年雾日也达 50～60 d。山东半岛南部成山头一带海面，雾最频，年雾日可超过 80 d。从鸭绿江口、江华湾到朝鲜南端济州岛的朝鲜西部沿海雾也较多，年雾日超过 50 d，与山东南部沿海雾区遥相呼应，有时连成一片。渤海是我国的内海，水温比较均匀，雾较少，但在渤海海峡地区雾多一些，年雾日可达 20～40 d。

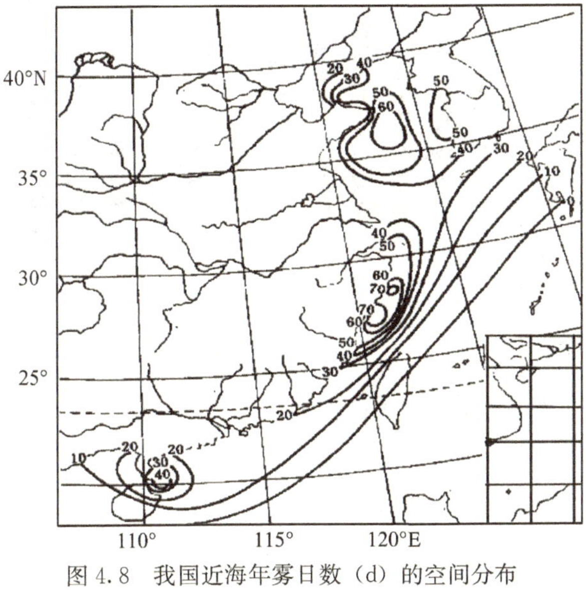

图 4.8 我国近海年雾日数（d）的空间分布

4.5.2 海雾的季节变化

我国近海的海雾，以南海的雾最早出现，始于1月，2—3月雾最多，雾日可达2～5 d。此后雾日锐减，5月以后已极少有雾生成，雾季持续4个月。东海海雾则始于3月，终于7月，以4—6月为最盛。进入黄海区，不但雾季的起止时间继续推迟，而且雾季也加长，从4月到8月，持续5个月的时间；7月雾最多，像成山头一带，平均雾日可达25 d，辽东半岛以东的黄海最北部，最盛雾期又进一步后延到海水温度最高的8月份；此后，中国近海又极少见到雾了。由此可见，我国近海雾的季节变化特点是，从冬到夏，雾季南早北晚，先南后北，逐渐推迟。依据黄海区和东海区各4个海岸或海岛气象站的观测资料，图4.9和4.10分别给出1997—2006年期间黄海和东海海域平均每月雾日分布。

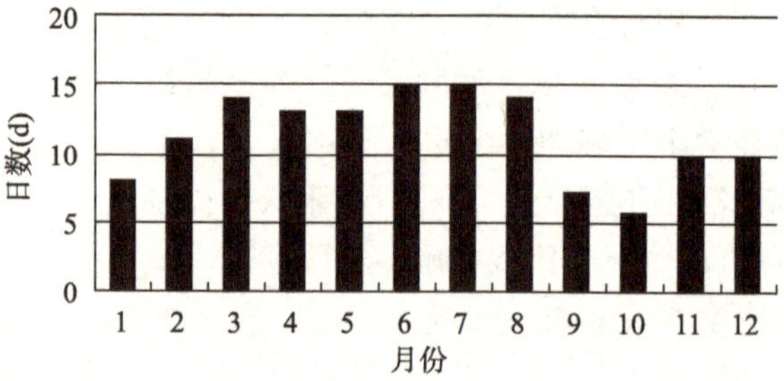

图 4.9　1997—2006年期间黄海海域平均每月雾日分布

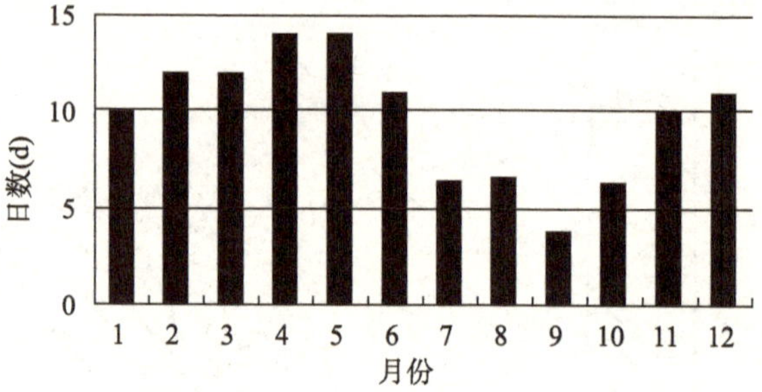

图 4.10　1997—2006年期间东海海域平均每月雾日分布

4.5.3 海雾的日变化和持续时间

海上雾以凌晨至早晨生成多一些，中午相对少些，但随地区和季节不同稍有差异。海上平流雾与陆地上的辐射雾不同，由于海面上的气温日变化比较和缓，海雾的日变化并不像陆地上的辐射雾那样明显，尤其在雾季最盛，雾性最浓的时候，海雾往往能持续几小时，甚至连续数日不消。例如，浙江舟山群岛的嵊泗站全天各时都能生成雾，但主要集中在 20:00—24:00 和 4:00—8:00，出现频数分别为 26%和 29%，傍晚成雾的几率最小，仅 8%。消雾的时间则集中在 4:00—8:00 和 12:00—16:00，频数分别为 29%和 24%，上半夜最不容易消雾，概率仅为 2%。

表 4.1　嵊泗站全天雾生和雾消的时间分段

时段	20:00—24:00	0:00—4:00	4:00—8:00	8:00—12:00	12:00—16:00	16:00—20:00
雾生频数（%）	26	15	29	11	11	8
雾消频数（%）	2	13	29	18	24	14

通过以上统计可知：凌晨 5:00—7:00 是海雾高发时段，7:00 以后海雾消散，故早晨 7:00—8:00 时是海雾消散的高发时段。

每次海雾由于不同的生消条件和过程，持续时间的长短可相差很大，短则只有几分钟，长则可达几十乃至几百个小时。例如，青岛历史上 6 月份曾出现过连续 884 h 的海雾，为全国之冠。就同一地点而言，雾季里的最长持续时间较长，而非雾季节里长持续时间相对少些。

海雾经常连续出现，如青岛 4—6 月，雾日连续 2 d 以上的占 85%～90%，7 月低于 50%；长江口 3—6 月雾日连续 2 天以上的占 50%～80%。

4.6　我国海域海雾形成的天气形势

海洋上的雾主要是平流雾，其次是锋面雾，平流雾是在某些特定的天气形势下，低空暖湿气流移到冷海面上形成的。由于海洋表面热力状况在短时间内相对稳定少变，因此天气条件是平流雾能否生成的主要因素。锋面雾更是和冷暖空气活动紧密联系在一起。实际上，同一天气系统在不同海区其性质上的差异可以很大，在不同季节和海区，成雾的天气形势也可能不同。

4.6.1　渤、黄、海海雾形成和维持的天气形势

这些海区的海雾天气形势可归纳成 6 种：入海高压后部、低压前部、弱高压内部、弱冷锋附近、准静止锋附近和入海高压底部型。

对每种类型的海雾天气形势具体分析如下。

1. 入海高压后部型

此类雾属平流雾，多出现在春季（4—6 月），它是由于高空暖高压脊稳定

在东亚沿海，导致地面高压入海后东移缓慢，常在海上停留 2～3 d，东海和黄海盛行南到东南风，这种形势下常出现东海北部和黄海区域性浓雾。此类雾出现时平均风力在 5 级以下。但其持续时间长，影响范围广，一般持续时间在 15～18 h，2000—2006 年中最长的一次出现在 2003 年 6 月 20—21 日，浓雾持续了近 42 h。出现这种天气形势时，往往我国西部地区有低压槽存在或东海南部有低压倒槽存在，它和低压槽前平流雾一起，为海雾的主要形式，其典型的地面形势如图 4.11a 所示。

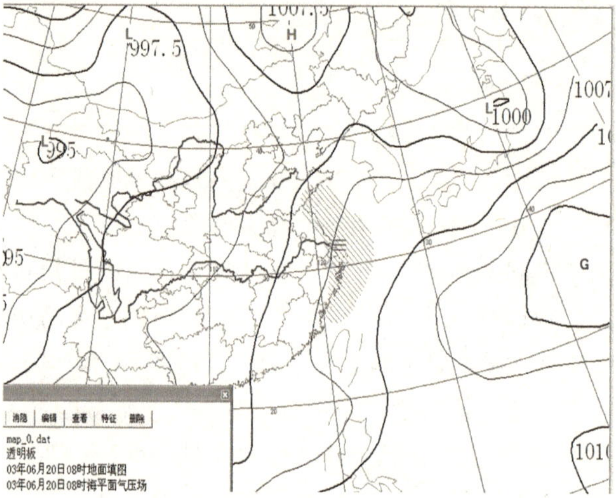

图 4.11a　入海高压后部类雾地面形势

2. 低压前部型

这一类型为平流雾，是由暖湿空气流经冷水面形成的雾。这类雾多发生在春季 4—6 月，成雾时多为南到东南风，风力相对较大，平均风速多为 4～6 级，个别达到 7 级或 7 级以上。春季此类型雾影响范围大，持续时间长，一般每次过程持续 5～18 h，平均 11 h，近 7 年中最长的一次出现在 2003 年 4 月 17—18 日的一次江淮气旋过程中，低压槽前平流雾持续近 26 h，直到 18 日早晨低压在黄海中部入海后结束。其典型地面天气形势特征如图 4.11 b。

3. 弱高压内部型

这类雾陆上常见，但海上较少发生，占全部雾数的 2%，均出现在冬季（12—2 月）。海上此类雾出现时间相比陆地要晚，早晨到上午出现，持续时间一般为 2～3 h，地面形势如图 4.11c。

4. 弱冷锋型

此类雾在 2—5 月居多，出现时风向以北到西北风为主，风力不大，平均风速多在 5 级风以下。此型虽然出现频数较多，但影响范围小，持续时间也不长，一般在 2～6 h。

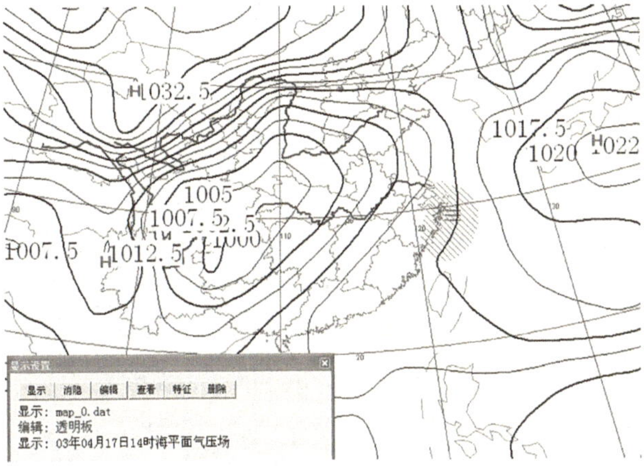

图 4.11b　低压前部类海雾地面形势

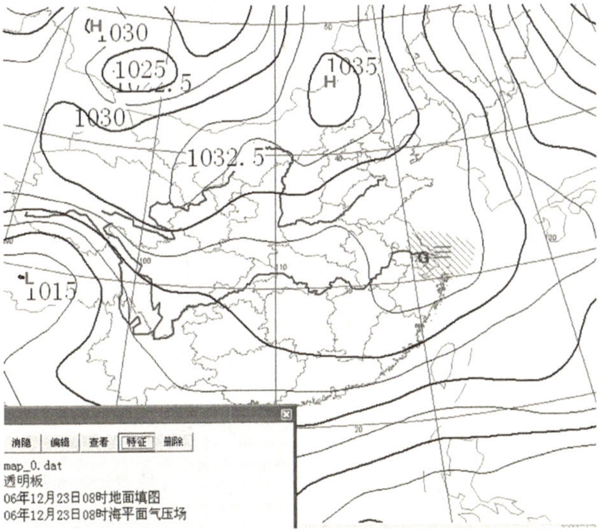

图 4.11c　高压中心附近辐射雾地面形势

此型和两类天气系统相联系：一类在入海低压后部，表现在低压倒槽向东发展，低压在杭州湾到苏北一带入海，大雾主要出现在低压后部弱冷锋附近，偏西风或西北风时成雾概率最大，其典型地面天气形势特征如图 4.11d 所示；另一类则无低压相伴，冷锋过境时出现，其典型地面天气形势特征如图 4.11e 所示。它们都是由锋后的冷空气流经暖而湿的水面，引起该水面上空大气降温，相对湿度增大所致。

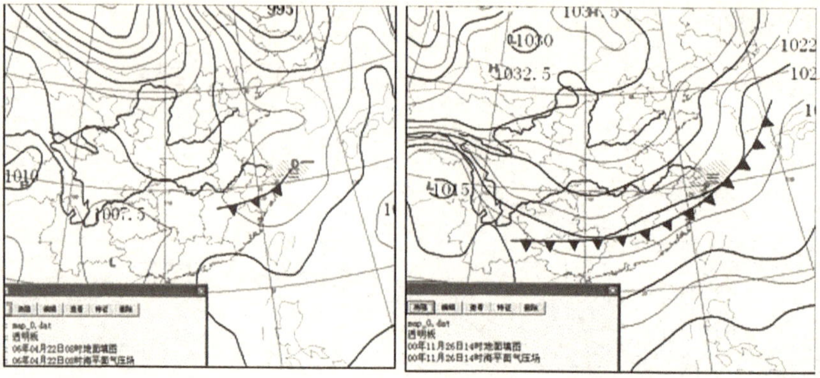

图 4.11d 低压后部弱冷锋类雾地面形势

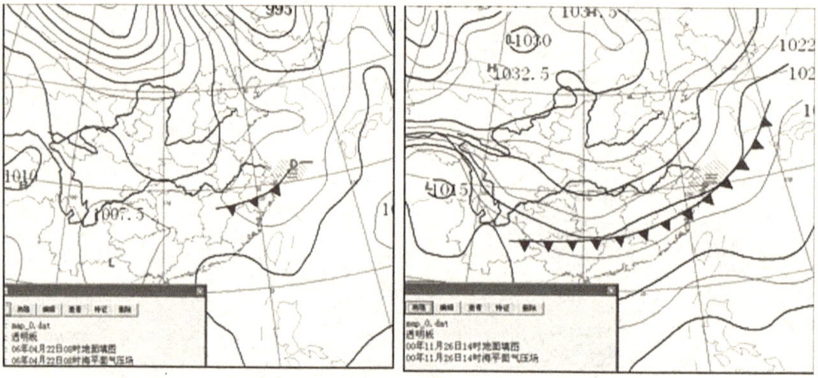

图 4.11e 冷锋过境时雾地面形势

5. 准静止锋型

这一类型是指在静止锋附近生成的雾，有时与低压相伴，前人总结的鞍形场雾也多归于此类。以 3—6 月居多，出雾时通常风场弱，平均风速多在 4 级以下，风向以东北风为主。这类雾大多为雨雾，在雨弱或降雨间歇期出现，维持时间一般在 5～12 h（图 4.11f）。

6. 入海高压底部型

此类雾多出现在 4—7 月。出雾时风向多为东北到东风，平均风速大多在 3 级以下。它是弱冷空气在东北风或偏东风的引导下，流向海面，引起该地海表层上空的大气降温增湿所致。这类雾持续时间一般在 5 h 以内，但如果和其他天气系统相配合，如东海中南部有低压倒槽存在，则持续时间可达30 h以上，如 2002 年 7 月 8—10 日，大雾持续近 36 h（图 4.11g）。

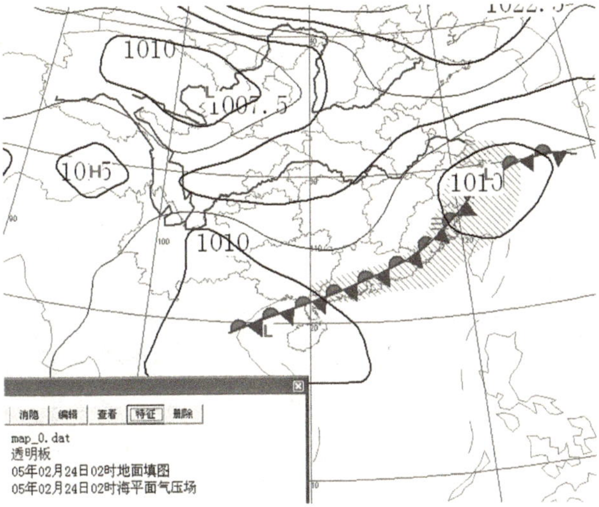

图 4.11f　准静止锋型雾地面形势

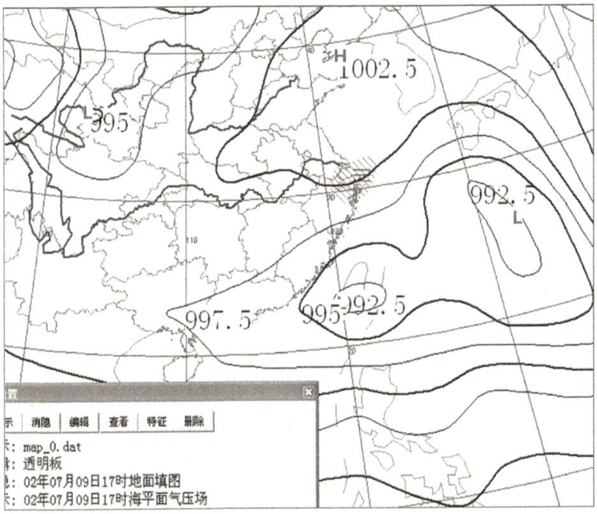

图 4.11g　入海高压底部型雾地面形势

4.6.2　南海北部海雾形成和维持的天气形势

南海海雾主要出现在中国沿岸，较集中于琼州海峡，年雾日数在 30～40 d以上，其他沿岸区域年雾日数在 20 d 左右。从沿岸向远海雾日迅速减少。在春季. 由于极地大陆气团减弱，太平洋上的热带海洋气团活跃，并开始从太平洋向大陆进发，随之而来的暖湿空气与沿海地区温差相当大，有利雾的形成，经常出现的濛雨天气常以浓雾的形式出现。

出现雾的天气形势也有多种，如出海变性高压的后部、冷锋或南岭静止锋前，西南低槽前等。其中以出海变性高压后和西南低压内的南岭静止锋前为最多。有时这两种形势相继出现，雾的持续时间较长。

1. 冷锋或静止锋前型

本海区的海雾有 50％产生于该型。当岭南山脉附近有静止锋或冷锋时，在锋前的华南沿海气压梯度很小，当风向为东—东南、风力微弱时，南海北部常有雾生成（图 4.12a）。

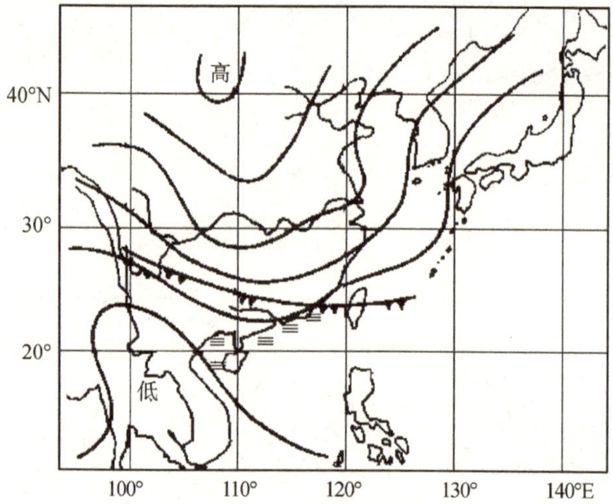

图 4.12a　冷锋或静止锋前型雾地面形势

2. 出海变性高压的后部型

冷高压南下后，势力逐渐减弱，当高压中心东移入海，其西部高压脊控制本区时，沿海吹东—东南风，风速不大，有利于海雾生成（图 4.12b）。

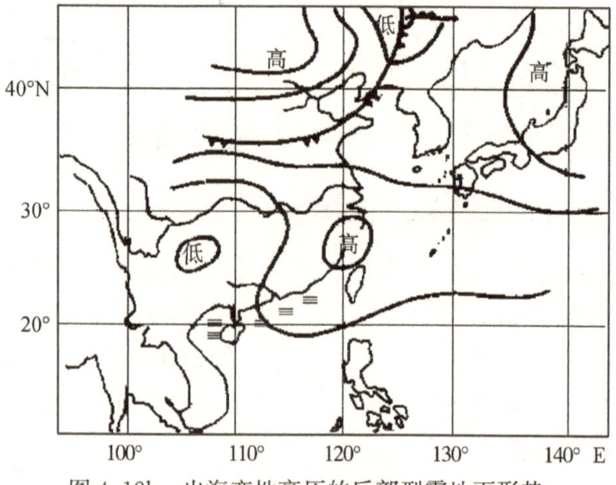

图 4.12b　出海变性高压的后部型雾地面形势

3. 西南低槽前型

当北方新的冷高压尚在酝酿中，四川南部常有低槽生成东伸，此时本海区处于槽的南端，风向为南—东南，风力较小，有利于海雾生成（图 4.12c）。

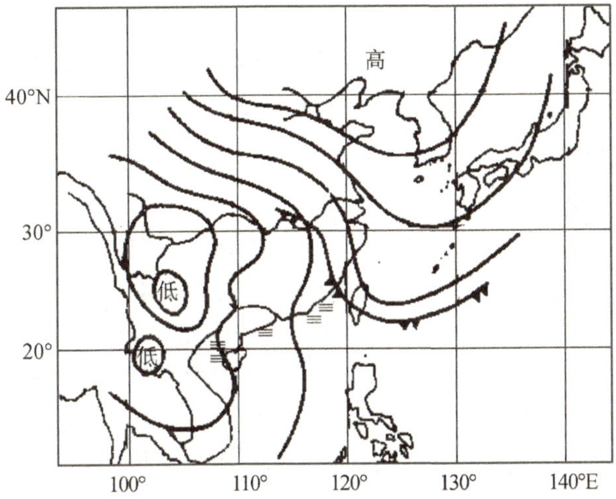

图 4.12c　西南低槽前型雾地面形势

4.7　海雾灾害案例

海雾经常是海损事故发生的罪魁祸首。大雾笼罩时，能够遮掩海上的目标，若不高度警惕，常常容易使船舶偏航、触礁搁浅、相撞，发生严重的海损事件。1922 年 5 月 22 日，英国轮船公司的邮船“埃及”号从伦敦开往印度孟买，当它开到法国西部的布勒特海角附近时，灰蒙蒙的浓雾笼罩了大海，因躲让不及与法国破冰船“西娜”号相撞沉没，有 86 名旅客和船员遇难，大批的财宝淹没在深邃的大西洋中，成为一起震惊世界的海难。1993 年 4 月 11 日，装备有非常先进的导航雷达和船舶自动避撞系统的我国科学考察船“向阳红 16”号，在 134°E，29°N 度海区，因海雾弥漫，能见度极差，与塞浦路斯的 3.8 万 t 级油轮“银角”号相撞，“向阳红 16”号被拦腰撞穿一个大洞，海水大量涌入，短短 30 min 后，“向阳红 16”号就沉入大海。这次海难造成 3 人死亡和无法估量的国家财产和资料的损失。2006 年 1 月 12 日，长江口水域能见度普遍小于 200 m，长江吴淞口水域视程一度不足 100 m，对进出上海港的船舶带来严重影响。在长江口水域抛锚避雾的船舶近 200 艘，黄浦江 19 条轮渡线全部停航；2006 年 3 月 8—11 日洋山国际深水港和东海大桥因浓雾被迫多次封港封桥。据统计，由于海上能见度原因造成的船舶海难事故，在全部因海洋和气象原因造成海难事故中占有相当的比例。据日本发表的统计资料，从1979—1983年的5年中，日本的船舶因海况和气象原因造成的海难共计348次，受害船舶443艘，人员伤亡972名。其中，由海雾造成的海难占总数的20%，居第二位。我国1950—1987年的船舶海上航行事故统计显示，因恶劣能见度而造成的海难事故，占事故总数的首位，达33%，海雾浓重时，也严重影响着空中运输。沿海机场飞机的起降，常常因为海雾而造成事故。1997年冬季，持续几天的海雾，曾使天津、烟台的机场出现过短期的关闭，滞留旅客万人。

海雾形成后阻隔了太阳光的照射，因而影响了海水的透明度，使水质变坏，极易造成海水养殖虾贝等的大面积死亡。海雾对沿海地区农业生产的危害也很大，山东半岛沿海一带，是我国农业重要的产区之一，每年的5—6月正是小麦扬花的时节，此时又是海雾多发的时期，若是遇上几天持续的海雾，常常导致小麦锈病的发生，严重时会减产2～3成。海雾极易造成沿海城市的空气污染。含有大量水分的海雾与二氧化碳等混合物相遇，就会形成酸雨和酸雾，直接危害人体的健康，1952年12月，英国首都伦敦这个多雾的城市，曾因海雾发生了严重的大气污染，导致1万余人死亡。

4.8 海雾的监测

4.8.1 海雾的常规观测方法

目前，我国气象部门基本台站的能见度观测主要以人工目测为主，即以离测站一定距离的固定参照物为背景，以该物是否能见作为确定能见度的标准。一般，人工目测的人为主观影响大，规范性、客观性相对较差，时效和准确度较低。相对人工观测而言，器测较为客观和准确，如日本早在1970年代运用能见度观测仪对森林烟雾进行监测；欧美一些国家相继在机场跑道、公路、港口设置了雾的监测仪器。安装在海岛和沿岸的能见度仪可用于海雾的观测。目前常用的能见度观测仪有芬兰的FD12P和美国的Model 8364能见度仪等。近年来国内已有少数单位进行了气象能见度观测方法的研究和相关仪器的研制，如中国气象科学研究院大气探测研究所已经启动了国产化能见度观测仪的研制工作。江苏省在浓雾的地面监测、预警、预报和服务等方面也做了积极的前沿性探索，他们在吸取国际先进技术的同时，努力发展国产化能见度探测技术和相关设备研制，并在沪宁高速公路江苏段全长近250 km的公路沿线，建设安装了26套自主研制的集能见度等多个气象要素于一体的交通气象观测站，对沪宁高速公路沿线的低能见度浓雾进行实时监测、预报和服务，取得了较好的经济效益和社会效益。但国产能见度仪用于海雾的观测还少见报道。

4.8.2 海雾的卫星遥感监测方法

利用卫星遥感监测海雾是海雾监测方法中最有发展前途的工具，它特别适用于站点稀少的广大海面，具体方法介绍如下。

1. 形态目视法

船舶在海上航行时，不管是否在雾中，如能知道周围的海雾分布实况，就可以及时采取相应的措施，以保证航行的安全；因此能及时确定雾区分布范围有重要意义。用目视法分析卫星图片上的海雾主要是通过云图上图像的型式、边界形状、色调、纹理和暗影等来鉴别。在可见光图片上，海雾的边界非常清晰，色调从淡灰到白色不等，这主要决定于雾层的厚度和太阳高度角的大小。一般说，雾层厚度在 300 m 以上时呈白色，纹理光滑、均匀、无暗影。雾与层云的图像有相似性，其主要差别是：海雾比层云的边界更加清楚，在近海，海雾的边界与海岸线非常一致，而层云的边界常是参差不齐的。此外，层云有时有暗影，它的出现与层云相对于海面的高度有关。在红外图像上，雾区与四周海面色调的差异主要决定于表面温度的差别，其形状与可见光图像上的类似，即边界清楚、纹理均匀光滑，特别是在白天的图像上，它会更清楚一些。

卫星云图上的海雾特征，由于所处纬度的不同，亦有所差别。如对比高纬（俄罗斯远东沿海）、中纬（山东沿海）和低纬（华南沿海）的卫星云图上的海雾特征，可以发现在高纬出现海雾时，海界线最清楚，中纬次之；低纬沿海的海雾紧贴海岸，雾区狭窄，海岸的轮廓不明显。可能这与海雾生成条件和海陆温差对比的大小有关。高纬海陆温差大，雾季里大陆较暖，海雾移至陆上即刻消散，所以雾区界线和海岸线一致，而且特别清楚，具有典型平流雾性质；低纬的海雾带有平流辐射性质，海雾常与陆雾连成一片，因此卫星云图上的海陆界线不如高纬区的明显。

2. 根据数值化的卫星资料鉴别海雾

美国曾利用卫星资料对 1973 年 7 月北太平洋的海雾作了鉴别试验。所用资料为船舶观测报告和 NOAA-2 卫星白天可见光扫描辐射仪和白天红外扫描辐射仪的数值化资料，其通道的波段分别为 0.2～0.7 μm 与 10.5～12.5 μm。做法是把数值化的可见光和红外卫星图的亮度温度分成 254 个等级，并与船舶观测资料对照，用数学分析方法确定出有雾到无雾时卫星资料的最佳分割值。其最佳分割值如下：

对于扫描辐射仪的可见光亮度：雾区与高云的分割值为142～146；雾区和晴天海面的分割值为166～170。对于红外扫描辐射仪的亮度温度：雾区和晴天海面间的分割值为54～60；雾区和高云间的分割值为148～154。用这样的分割值作为卫星图上有雾或无雾的判据，则可使鉴别雾的准确率达到最高。

雾区与晴天海面或与高云在卫星图上（可见光或红外云图）其反差较大，从数值化资料看，其亮度温度的差异也较大，因此容易分辨。但要分辨雾和低云就不那么容易了：在可见光图片上，两者的亮度差不多；从红外照片上看，因为低云和雾顶的高度相近，所以顶面的温差不明显，也难于分辨，至今该难题尚未很好地解决。

4.9 海雾的预报

海雾是海上重要的危险性天气之一，它对海上航运，渔业生产、国防和海洋开发等均有重要影响，因此海雾预报一直是海洋气象研究的重要课题之一。主要的海雾预报方法有天气学方法、统计学方法和动力数值学方法。动力数值学方法是海雾预报的发展方向，目前虽有所尝试，但鉴于海雾过程的复杂性，用于实际预报的还很少。此外，我国广大渔民和海员在长期生产实践中也积累了不少预报海雾的经验。各方法分别介绍如下。

4.9.1 天气形势预报法

海洋上的雾主要是平流雾和锋面雾。平流雾是在某些特定天气形势下，低空暖湿气流移到冷海面上空而形成的。海面的热力状态在短期预报的时效内变化甚微，可视为定常状态，所以对短期预报而言，天气条件是否有利是平流雾能否生成的主要因素。锋面雾更是和冷、暖锋活动联系在一起的。因此只要预报出未来的天气形势，再参考其他指标，就可以作出未来是否有雾的判断。实际上，同一天气系统在不同海区其性质上的差异可以很大，因此在不同海区和季节，成雾的天气形势也可能不同。中国近海海雾发生的主要天气形势已在4.6节中有所介绍。

4.9.2 海雾的客观预报方法

由海雾的统计分析可知，海雾的生消与气象要素场和气象台站的气象观测要素等有较好的统计关系，为此可首先建立各要素与海雾预报量的相关关系式，建立预报方程，然后根据要预报时段的数值天气预报输出资料代入预报方程，作出海雾的预报。例如，可首先根据利用历史观测资料建立了如下的能见度（海雾）与海岛站的气象要素和海表温度的关系：

$$Y = a_1X_1 + a_2X_2 + a_3X_3$$

式中 Y 为能见度等级，X_1 为海表温度与 2m 处的气温差，X_2 为大气相对湿度，X_3 为风面风向风速的等级。

然后利用中尺度大气模式输出的 X_1，X_2，X_3 预报数值，代入上述方程，依此作出海雾预报。图 4.13 为 24 h 预报的结果。

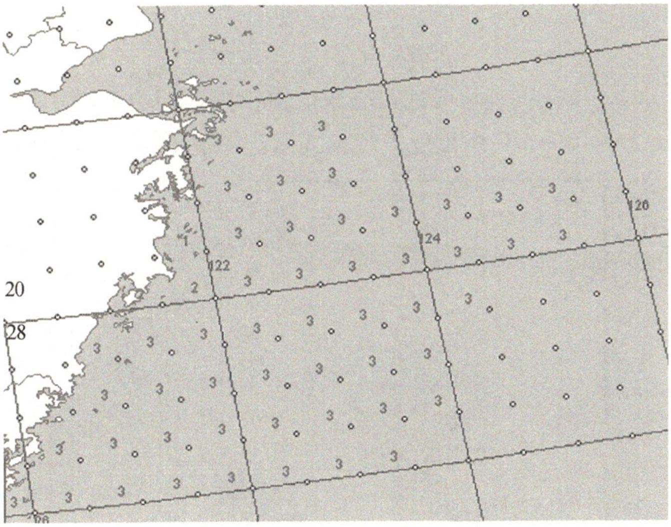

图 4.13　海雾客观预报方法结果 1：浓雾；2：雾；3：轻雾

4.9.3　海雾的数值预报方法

随着 1960 年代大气边界层模式的建立，为海雾的数值模拟研究创建了条件，但大多数模式都是简化的大气边界层模式，研究的对象都是比较理想的情况，虽然它们在揭示海雾形成物理机制方面有其独特的优势，但是一般不能用于海雾的数值预报业务，目前国内外已开始尝试用中尺度大气模式制作海雾的数值预报，这是因为现有的中尺度大气模式通常具有比较完整的物理过程描述，特别是边界层物理过程日趋完善，对于控制海雾形成的大气环流形势场具有较强的预报能力等。

能见度（雾）不直接是中尺度大气模式中的变量，但是考虑到能见度的大小与大气中云微物理量有关，而云微物理量是模式大气预报量，由此提供了利用中尺度大气模式预报水平能见度的途径，例如有人采用如下公式计算水平能见度：

$$X_{vis} = -\ln(0.02)/\beta$$

式中 X_{vis} 是水平能见度，单位 m；β 是消光系数，由云水消光系数 β_{cw}，雨水消光系数 β_{rw}，云冰消光系数 β_{ci} 和雪消光系数 β_{sn} 构成：

$$\beta = \beta_{cw} + \beta_{rw} + \beta_{ci} + \beta_{sn}$$

而这四个系数分别由下式给定：

$$\beta_{ci} = 2.24\rho_{ci}\rho_{ci}^{0.75}$$

$$\beta_{cw} = 144.7\rho_{cw}\rho_{ci}^{0.88}$$

$$\beta_{sn} = 327.8\rho_{sn}\rho_{ci}^{1.00}$$

$$\beta_{rw} = 10.4\rho_{rw}\rho_{ci}^{0.78}$$

式中 ρ_{ci}，ρ_{cw}，ρ_{sn}，ρ_{rw} 分别表示云冰，云水，雪，雨水的含水量（单位 g/m^3）。

图 4.14 为利用 WRF 中尺度大气模式所作的能见度 24 h 预报结果例子。

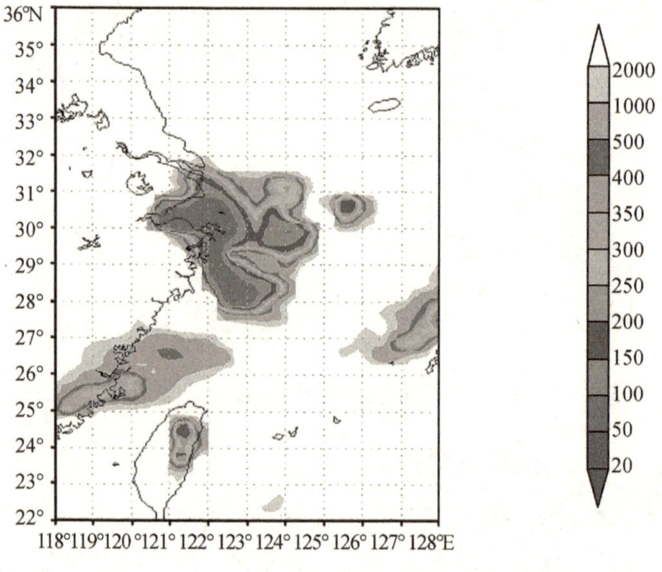

图 4.14　WRF 中尺度大气模式所作的能见度 24 h 预报（单位：m）

4.10　海雾灾害的信息发布和应急预案

在中国气象局颁布的《发布突发气象灾害预警信号及防御指南》中，大雾预警信号分三级：

大雾黄色预警信号：12 h 内可能出现能见度小于 500 m 的浓雾，或者已经出现能见度小于 500 m、大于等于 200 m 的浓雾且可能持续。

大雾橙色预警信号：6 h 内可能出现能见度小于 200 m 的浓雾，或者已经出现能见度小于 200 m、大于等于 50 m 的浓雾且可能持续。

大雾红色预警信号：2 h 内可能出现能见度低于 50 m 的强浓雾，或者已经出现能见度低于 50 m 的强浓雾且可能持续。

雾的预警信号的图标见图 4.15。

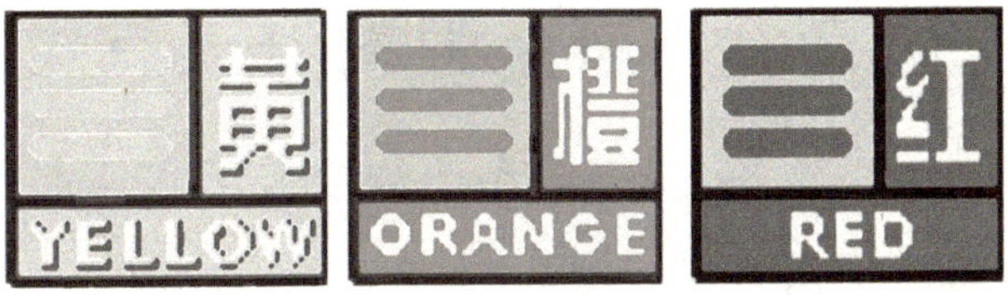

图 4.15　雾的预警信号的图标

《防御指南》规定，当发布大雾黄色预警信号时，有关部门和单位按照职责做好防雾准备工作；轮渡码头等单位加强交通管理，保障安全，船舶驾驶人员注意雾的变化，小心驾驶。当发布大雾橙色预警信号时，有关部门和单位按照职责做好防雾工作，轮渡码头等单位加强调度指挥，驾驶人员必须严格控制车、船的行进速度。当发布大雾红色预警信号时，有关部门和单位按照职责做好防雾应急工作，有关单位按照行业规定适时采取交通安全管制措施，轮渡暂时停航等。

目前，社会各界与气象服务密切相关的部门根据气象部门发布的雾的预警级别，已着手开始制定适合各自行业的应急方案。例如，上海市东海大桥管理局为了提高东海大桥在冰、雪、雾、大风等恶劣气候条件下的应对能力，最大限度地降低恶劣天气对东海大桥安全通行的影响，确保洋山国际深水港区的有序运行，制定了《关于恶劣气候东海大桥交通管理联动预案》，其中规定，当发布海雾红色等级预警信号后，应采取如下应对措施：（1）各联动单位指挥长到现场指挥，24 小时通讯畅通；（2）交警部门在大桥进出口处、海关查验口、国际物流待检处安排警车、警力现场指挥交通；（3）洋山海关查验口做好蓄车准备，国际物流做好随时打开待检场地蓄车准备；（4）东海公司抢险队伍、车辆及所需物资到现场；（5）根据保税港区管理委员会、上海同盛投资（集团）有限公司的指示对大桥实施封闭，交警部门配合、协助东海公司封桥；（6）盛东公司将洋山港码头作业区信息报告应急中心等。

第5章 海上强对流天气灾害

5.1 对流性天气概述

雷暴是指积雨云中所发生的雷电交作的激烈放电现象，同时也指产生这种现象的天气系统。雷暴一般伴有阵雨，有时则伴有大风、冰雹、龙卷等天气现象。通常把只伴有阵雨的雷暴称为“一般雷暴”，而把伴有暴雨、大风、冰雹、龙卷等严重的灾害性天气现象之一的雷暴叫做“强雷暴”。“一般雷暴”和“强雷暴”都是对流旺盛的天气系统，所以常将它们通称为“对流性风暴”，它们所产生的天气现象则叫做“对流性天气”。

1. 雷暴的结构

产生雷暴的积雨云叫做雷暴云，一个雷暴云叫做一个雷暴单体，其水平尺度约十几千米。多个雷暴单体成群成带地聚集在一起叫做雷暴群或雷暴带，它们的水平尺度有时可达数百千米。每个雷暴单体的生命史大致可分为发展、成熟和消散三个阶段，每个阶段约持续十几分钟至半小时左右。在不同的阶段中雷暴云的结构有不同的特征。

发展阶段即积云阶段，其主要特征是上升气流贯穿于整个云体。

成熟阶段的特征是开始产生降水，并且由于降水物的拖曳作用而产生了下沉气流。但在下沉气流的上方，上升气流仍贯穿云体。云中的上升气流速度的垂直分布呈抛物线状，即为上、下层小，中层最大。若雷暴云体是移动的，则垂直气流呈不对称分布。沿移动方向看，云体前部为上升区，后部为下沉区。在成熟阶段，云中物态复杂。一般来说，0℃等温线至－20℃等温线之间的区域主要由过冷水滴、雪花及冰晶组成，而冰晶是从－10℃开始出现并随着高度逐渐增多的。到了冻结高度，由于过冷水大量冻结而释放潜热，使云顶突然向上发展。云顶到达对流层顶附近后向水平方向铺展，于是形成了云砧。

消散阶段的特征是下沉气流占据了云体的主要部分。

以上是雷暴单体的结构。雷暴群可由好几个同时处于不同阶段的雷暴单体所组成。多单体的雷暴群的结构往往会随着每个单体的新陈代谢而发生变化。单体的生命期约为 0.5～1 h，但多单体的雷暴群作为整体可存在几小时。

2. 雷暴天气的成因

发生雷暴时，通常出现雷电、阵雨、阵风等天气现象以及压、温、湿等气象要素的变化。这些现象主要发生在雷暴云的成熟阶段。

雷电是由积雨云中冰晶“温差起电”以及其他起电机制造成的（图 5.1）。一般当云顶发展到－20℃等温线高度以上时，云中便有了足够多的冰晶，就会出现闪电和雷鸣。所以，第一次闻雷表明云顶已达到－20℃等温线高度附近。一般来说，云中放电强度及频繁程度与雷暴云的高度、强度有关，随着云顶增高，闪电、雷鸣便愈益频繁。因此，雷电现象可用以判断雷暴强度。

图 5.1 雷电示意图

在雷暴云中上升气流最强区附近，一般有一大水滴累积区，当累积区超过上升气流承托能力时，便开始降雨。由于累积区中的水倾泻而下，造成阵雨或暴雨。阵雨持续时间为几分钟到一小时不等，视雷暴云的强弱及含水量的多少而定。雷暴群和雷暴带形成的降水区也呈片状或带状。由于雷暴群中每个单体强弱不一，所以降水量分布很不均匀。而且因雷暴云常常跳跃式地传播，降水量也有跳跃式分布的情况。

在积云阶段，下垫面的风一般很弱，低空有向云区的辐合，促使上升气流发展。到了雷暴云的成熟阶段，云中产生的下沉气冲到下垫面附近时，向四面散开，造成阵风。一般来说，阵风发生前，风力较弱，风向不定，但多南风；阵风发生时，风向常呈气旋式旋转，然后又呈反气旋式旋转。移动缓慢的雷暴，云下的流出气流几乎是径向（即向四面八方铺开）的。然而多数情况下，在雷暴移向的下风方的风速要大于上风方。

压、湿、温的变化，由于下沉气流中水滴的蒸发，使下沉气流几乎保持饱和状态。所以下沉空气的上层至下层是按湿绝热增温的。上层冷空气虽然在下沉过程中会变暖些，但升温率小，到下垫面时，仍比四周空气要冷。因此在雷暴云下形成一个近乎饱和的冷空气堆，因其密度较大所以气压较高，这个高压叫“雷暴高压”。当雷暴云向前移动时，云下的雷暴高压也随之向前移动，当它移过某地时，就会使该地发生气温下降、气压涌升、相对湿度上升、露点或绝对湿度下降等气象要素的显著变化。

强雷暴就是指那些伴有大风、暴雨、冰雹、龙卷等严重灾害性天气现象的雷暴。这种雷暴即具有上述一般雷暴相同的特征，又具有其本身独有的特征。主要区别表现在系统中的垂直气流的强度（前者比后者强很多），以及垂直气流的有组织程度和不对称性。在强雷暴中，当其发展到一定阶段时，会出现一个可以维持数小时之久的，几乎稳定的，较强大的，以及高度有组织和不对称的垂直环流。这种由强雷暴所产生的天气，就是强对流天气。

5.2 我国海域强对流天气概述

5.2.1 我国海域强对流天气分类

1. 雷暴

雷暴是伴有雷击和闪电的局地对流性天气，它必定产生在强烈的积雨云中，因此常伴有强烈的阵雨或暴雨，有时伴有冰雹和龙卷。雷击是指一部分带电的云层与另一部分带异性电荷的云层，或者是带电的云层对海面迅猛的放电。其中后一种即云层对海面的放电，则对海上船只、建筑物、人、建筑物内电子设备产生极大危害。雷暴的持续时间一般较短，单个雷暴的生命史一般不超过 2 h。雷暴出现的时间多在下午。夜间因云顶辐射冷却，使云层内的温度层结变得不稳定，也可引起雷暴，称为夜雷暴。我国海域雷暴南方多于北方，多出现在夏季和秋季，冬季只在我国南方偶有出现。

2. 龙卷风

龙卷风是一种伴随着高速旋转的漏斗状云柱的强风涡旋。龙卷风附近风速可达 100～200 m/s，最大达 300 m/s，比台风中心最大风速大好几倍。中心气压很低，一般可低至 400 hPa，最低可达 200 hPa。它具有很大的吸吮作用，可把海（湖）水吸离海（湖）面，形成水柱。由于龙卷风内部空气极为稀薄，导致温度急剧降低，促使水汽迅速凝结，这是形成漏斗云柱的重要原因。漏斗云柱的直径，平均只有 250 m 左右。龙卷风产生于强烈不稳定的积雨云中，它的形成与暖湿空气强烈上升、冷空气南下、地形作用等有关。它的生命史短暂，一般维持十几分钟到一两个小时，但其破坏力惊人，能把大树连根拔起，建筑物吹倒，或把部分地面物体卷至空中。

图 5.2　龙卷风示意图

龙卷漏斗云轴一般是垂直的，但当风速垂直切变较大时，也有曲折或倾斜的。龙卷有时成对地出现，这时，两个龙卷的旋转方向正好相反。一个是气旋式的，另一个是反气旋式的，以气旋式的龙卷较为常见。龙卷中心为下沉气流，四壁为极强的上升气流，速度可达 50 m/s 以上。龙卷的形成与强雷暴云中强烈的升降气流有关。当升降气流之间形成很强切变时，就会发生强烈的水平轴的涡旋。由流体力学可知，流体中形成的涡管不能在流体内部中断，而只能起止于流体的边界面或形成闭合涡管。因此，云中形成的涡管通常有将其两端伸向下垫面的趋势。当它的两端伸到云下或下垫面时，便形成两个旋转方向相反的龙卷。观测事实表明，产生龙卷的雷暴云比别的雷暴云更高、更强，而且在主要雷暴的侧面产生龙卷的机会要比在其正下方更多。少数情况下，龙卷可能在发展中的积云下面形成。龙卷出现的概率随着雷暴云的高度、强度而增大。

3. 飑线

强雷暴云中的低温而高速的下沉气流造成了近地面层很强的雷暴高压和辐散流场。而且在雷暴高压冷空气堆与其前方的暖空气之间形成一个陡峭的分界面。因此当强雷暴云来临的瞬间，风向突变，风力猛增，可由静风突然加强到大风以上（8～12 级）。与此同时，气压涌升，形成明显的“雷暴鼻”，气温急降，相对湿度也大幅度上升。一般把具有上述气象要素激烈变化特征的、随强雷暴云来临而突然发作的强烈阵风叫做“飑”。

“飑线”是由许多雷暴单体（其中包括若干超级单体）侧向排列而形成的强对流云带，是风向和风力发生剧烈变动的天气变化带，沿着飑线可同时发生“飑”的现象，暴雨、冰雹和龙卷等剧烈的天气也都出现在飑线附近或雷暴高压的前半部，它是一条雷暴或积雨云带。飑线一般长约几十至几百千米，宽约几十千米至 200 km（如果把对流云带后面的层状云区也包括在内的话）。飑线上的单体常常彼此不相干扰。飑线上的对流云不断新陈代谢，但作为整体，飑线可持续几小时至几十小时。北半球温带地区，飑线前多偏南风，飑线后转偏西或偏北风，飑线后的风速一般为每秒十几米，强时可超过 40 m/s。飑线前天气较好，降水区多在飑线后。飑线两侧温差可达 10℃以上。

飑线是受起伏地形和热力分布不均而产生的动力作用和热力作用的综合结果。它的形成和发展除与天气形势有密切关系外，地方性条件也起着极其重要的作用。它常出现在雷雨云到来之前或冷锋之前，春、夏季节的积雨云里最易发生。潮湿不稳定气层能助长飑线的强烈发展。当它即将出现时，天气闷热，风向很乱或多偏南风。当强冷空气入侵时，地面冷锋前部的暖气团中，或低压槽附近，大气存在不稳定层结，此时最易形成飑线天气。飑线多发生在傍晚至夜间。

和飑现象相联系的一类中系统叫飑中系统，它包括雷暴高压、飑线、飑线前低压和尾流低压等中系统。它们经常出现在强风暴天气过程中。飑中系统可以发生在冷锋前或暖锋后的暖气团中，也可以发生在冷锋后或暖锋前的冷气团中，或发生在冷（暖）锋上。飑中系统的生命史大致可分四个阶段：

（1）初始阶段，范围较小的中高压开始出现。

（2）发展阶段，中高压水平尺度增大，其前锋形成明显的飑线。

（3）成熟阶段，阵雨达最大程度，或出现其他激烈天气。中高压后面出现中低压（一般称其为“尾流低压”），有时中高压前头也会出现中低压（叫做“飑线前低压”）。

（4）消散阶段，中高压减弱，阵雨分散，最后中高压减弱，中低压填塞。

飑中系统生成后，会有规律地向前移动，飑线上的单体移动的方向基本上与 850～500 hPa 的平均风向一致，有时略偏右。另外，飑线还有向着最不稳定的地区移动的趋向。在海上，飑线的移速取决于大尺度天气形势及有关要素分布和中尺度雷暴高压的强度。

飑线和锋面酷似，它们都是冷暖空气的分界面，但它与冷锋有明显的区别：首先，锋面是气团的分界面，而飑线则是在同一气团中形成和传播的中系统；其次，从要素变化的激烈程度来看，飑线比锋面更为剧烈；第三，飑线为中尺度系统，其长度一般只有二三百千米，生命期约十几小时，而锋面是大尺度系统，其长度可延伸达千余千米，生命期可达几天。因此，飑线既与锋面相像，但又不全像，故有“假（伪）冷锋”之称。

5.2.2 我国海域的强对流天气概况

我国海域的强对流天气一般 2 月开始发生，至 9 月以后逐渐减少，个别年份可提前在 1 月出现，推迟至 10～12 月结束。

我国海域的强对流天气易于在海陆边界形成和发展，这与下垫面的动力和热力作用的影响有很大的关系，其与发生在陆地上的强对流天气一样，具有垂直方向速度大、突发性强、破坏力大的特点；强对流天气是我国海域各种自然灾害中出现次数最多的灾害性天气之一，雷暴、飑线、龙卷风的出现往往对海上船只的运行、各种海洋作业带来毁灭性的破坏。中国近海的平均闪电密度是全球海洋相应值的 5 倍；而在黑潮主干海域有闪电高密度带，密度值比邻近海域高 2～5 倍，这是黑潮主干海域的高温、高盐特征显著影响该海域强对流发展的一个新的事实。

5.3 我国海域强对流天气的影响和灾害案例

由于海上实测资料缺乏，迄今对海上强对流灾害性天气过程的分析较少，案例有：

（1）1973 年 7 月 3 日，福建崇武海面，台风登陆 1 h 后出现龙卷风，在港口避风的几十艘渔船全部被毁，其中一艘可载几吨的大型木帆船，竟然被卷离海面跨过几艘渔船后甩到岸滩上。

（2）1989 年 5 月 3 日凌晨，涠洲岛附近海面，涠 10－3 油田作业区遭受一次飑线大风袭击，据涠 10－3 号油田的自动天气观测站测风记录测得瞬时最大风速值达 29 m/s（11 级）。在短短 15 min 内，狂风暴雨夹带着冰雹袭击正在作业的“希望号”储油轮，致使该轮系缬缆绳和输油软管断裂损坏，涠 10－3 油田被迫停产 23 d，直接经济损失达 1700 多万元。

（3）1970 年 8 月 10 日，浙南海域局地 12 级以上大风是冷锋雷暴东移加上原减弱的云带中有小的强对流云团发展所致。由于预报的偏差及临近服务不够及时，给当时正在该海域石油勘探作业的“南海六号”钻井船及其他船只造成了很大的威胁与破坏。

（4）2003 年 7 月 26 日早晨，舟山海域出现了一次雷雨大风过程，这次过程不是一次大范围的强对流过程，雨量并不大，但出现了 9 级的雷雨大风，

且这种情况天气形势不明显，用常规气象资料往往难以发现和预报

（5）渤海、黄海主要港湾发生的假潮主要与雷暴有关。以龙口港湾为例，1966—1986年龙口湾出现了22次大振幅假潮现象，其中19次与雷暴天气（其中有3次伴随有飑线，1次还伴有龙卷）有关，2次与大风天气有关，1次由外海雷暴引起。这种大振幅或特大振幅假潮叠加在潮位变化的高、低潮上，势必引起水位的急骤升高或急骤降低，伴随而来的是流速的急骤变化，形成沿岸渔民常说的“妖流”或“激流”，这无疑给港湾船只停泊和航行，以及人们的生产活动带来很大危害，造成国民经济的重大损失。

（6）2004年7月4日凌晨，受冷空气侵入0407号台风“蒲公英”外围影响，舟山海域有1个站风力达到12级，4个站风力达到11级。其中，花鸟于4日02:37出现南到西南风33.3 m/s，12级大风持续时间2 h左右。白节山4日02:48出现西北风32.5 m/s；鼠浪湖在4日03:44出现西到西北风31.5 m/s；庙子湖4日04:05出现偏西风29.0 m/s；小洋山04:33出现西到西北风32.3 m/s。

5.4 强对流天气的预报预警

影响对流发展的物理因子有6个，即大气的静力稳定度、云外下沉气流、挟卷过程、风的垂直切变、对流云的合并和对流活动对大尺度环流场的反馈作用。对强对流天气的产生和移动作好预报预警，可利用气象雷达监测，加强气象台、站联防来预报强对流天气的发生，监视它的活动，还可利用地球同步卫星连续拍摄的云图照片，对强对流天气发生、发展、移动及消亡进行探索、追踪，配合天气形势图分析，判断强对流天气出现的地区和强度。同时要加强对强对流天气成因的机理研究，加密监测强对流天气网点，更新监测手段；对强对流天气灾害进行系统整理，建立强对流天气数据库和灾情库，及时为领导决策和采取措施提供准确的灾情资料。

雷电预警信号分三级，分别以黄色、橙色、红色表示，如图5.3所示。

图5.3　雷电预警信号图标

雷电黄色预警信号：6 h内可能发生雷电活动，可能会造成雷电灾害事故。

雷电橙色预警信号：2 h 内发生雷电活动的可能性很大，或者已经受雷电活动影响，且可能持续，出现雷电灾害事故的可能性比较大。

雷电红色预警信号：2 h 内发生雷电活动的可能性非常大，或者已经有强烈的雷电活动发生，且可能持续，出现雷电灾害事故的可能性非常大。

冰雹预警信号分二级，分别以橙色、红色表示，如图 5.4 所示。

冰雹橙色预警信号：6 h 内可能出现冰雹天气，并可能造成雹灾。

冰雹红色预警信号：2 h 内出现冰雹可能性极大，并可能造成重雹灾。

图 5.4　冰雹预警信号图标

第6章 其他海洋灾害

6.1 海冰

海冰是极地和高纬度海域所特有的海洋灾害，有“白色灾害”之称，也是海洋五种主要灾害之一（其他为风暴潮、灾害海浪、赤潮和海啸）。广义的海冰是海洋中和海陆边界的冰的统称，包括天气寒冷导致海水冻结形成的咸水冰，漂浮于海洋的源于陆地的冰川冰，以及流入海洋的河冰、湖冰。狭义的海冰仅指海水冻结形成的冰。海冰的主要危害是威胁船只和海上构筑物的安全，阻碍航运，破坏渔业、养殖业及其他海上活动。

6.1.1 海冰的形成与分布

海水结冰和淡水结冰的条件是不同的。每当初冬冷空气来临时，陆地浅水池塘很快冻结成一层薄冰；深冬时节，江河封冻，而海面却照样波涛汹涌，海浪起伏。只有在寒潮频频爆发，空气较长时间处于低温的情况下，海水才会出现结冰现象。海水结冰需要三个条件：①气温比水温低，水中的热量大量散失；②相对于水开始结冰时的温度（冰点），已有少量的过冷却现象；③水中有悬浮微粒、雪花等杂质凝冻核。淡水在4℃左右密度最大，水温降到0℃以下即可结冰。海水中含有较多的盐分，结冰时所需的温度比淡水低，密度最大时的水温也低于4℃。随着盐度的增加，海水的冰点和密度最大时的温度也逐渐降低。海冰初生时，呈针状或薄片状冰晶；继而形成糊状或海绵状；进一步冻结后，成为漂浮于海面的冰皮或冰饼，也叫莲叶冰；海面布满这种冰后，便向厚度方向延伸，形成覆盖海面的灰冰和白冰。

海冰是淡水冰晶、“卤水”和含有盐分的气泡混合体。按发展阶段，可分为初生冰、尼罗冰、饼冰、初期冰、一年冰和老年冰六大类；按运动状态可分为固定冰和流冰两大类。固定冰与海岸、海底或岛屿冻结在一起，能随海面升降，从海面向外可延伸数米或数百千米。流冰漂浮在海面，随着海面风向和海流向各处移动。海水含盐度很高，大约在 34.5‰左右，这种盐度下的海水的冰点大约在－2℃。即使达到－2℃，由于表面海水的密度和下层海水的密度不一，造成海水对流强烈，也大大妨碍了海冰的形成。此外，海洋受洋流、波浪、风暴和潮汐的影响很大，在温度不太低的情况下，冰晶很难形成。现在常年存在海冰的地方是南极和北极。在北极，即使在夏天海冰的面积也有大洋洲那么大。而在南极，冬季被海冰覆盖的海洋面积比南极大陆本身面积还要大。

极区的海冰具有显著的季节和年际变化。图 6.1 是海冰和冰山的分界，北半球冰界以 3—4 月最大，面积约 1100 万 km^2，8—9 月最小，面积约为 700 万～800 万 km^2，流冰群主要绕洋盆边缘流动，多为 3～4 m 厚的多年冰。北冰洋几乎终年被冰覆盖，冬季（2 月）约覆盖洋面的 84%，夏季（9 月）覆盖率也有 54%。因北冰洋四周被大陆包围着，流冰受到陆地的阻挡，容易叠加拥挤在一起，形成冰丘和冰脊。在北极海域里，冰丘约占 40%。北冰洋的白令海、鄂霍次克海和日本海，冬季都有海冰生成；大西洋与北冰洋畅通，海冰更盛。在格陵兰南部，以及戴维斯海峡和纽芬兰的东南部都有海冰的踪迹，其中格陵兰和纽芬兰附近是北半球冰山最活跃的海区。南极洲是世界上最大的天然冰库，全球冰雪总量的 90%以上储藏在这里。南大洋上的海冰，不同于格陵兰冰原上的冰，也不同于南极大陆的冰盖，只有环绕南极的边缘海区和威得尔海，才存在着南大洋多年性海冰。在南极的冬季，严寒的气候使南极周围海面结冰，海冰完全封住了整个大陆，并且可向北伸展到 55°S。一般在每年的 9 月份，海冰的面积达到最大值，被海冰覆盖的海洋面积达 2000 万 km^2。每年夏天，一般是在 2 月底，海冰的范围达到最小值，85%的

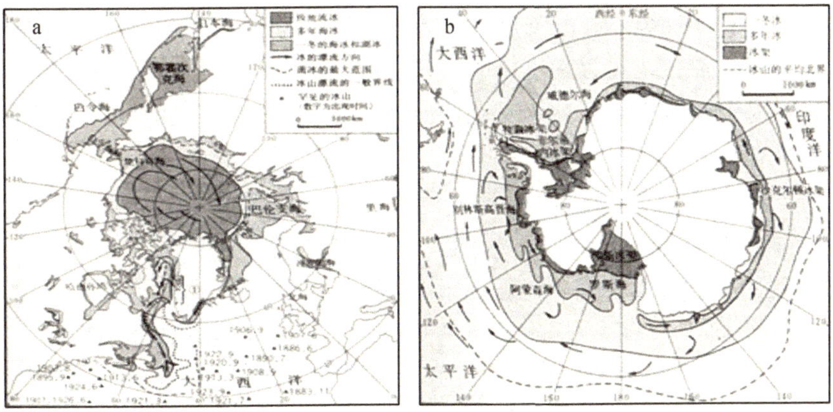

图 6.1　海冰和冰山的分界（a：北半球；b：南半球）

海冰漂流到不冻海域融化掉，甚至在许多地方，海冰一直融化到海岸，船舶可以直接航行到岸边。南极海冰每天最多可流动 65 km。南极洲附近的冰山，是南极大陆周围的冰川断裂入海而成的。出现在南半球水域里的冰山，要比北半球出现的冰山大得多，长宽往往有几百千米，高几百米，犹如一座冰岛。

6.1.2 中国近海冰况

海冰对海洋水文要素的垂直分布、海水运动、海洋热状况及大洋底层水的形成有重要影响；对航运、建港也构成一定威胁。中国渤海和黄海北部，每年冬季皆有不同程度的结冰现象，且冰缘线与岸线平行；常年冰期约 3～4 个月，盛冰期固定冰宽 0.2～2 km；冰厚：北部多为 20～40 cm，南部 10～30 cm，对航行及海洋资源开发影响不大。

漂浮在海洋上的巨大冰块和冰山，受风和流作用而产生的运动，其推力与冰块的大小和流速有关。据 1971 年冬位于我国的新“海二井”平台上观测结果计算出，一块 6 km^2，高度为 1.5 m 的大冰块，在流速不太大的情况下，其推力可达 4000 t，足以推倒石油平台等海上工程建筑物。

海冰的抗压强度主要取决于海冰的盐度、温度和冰龄。通常新冰比老冰的抗压强度大，低盐度的海冰比高盐度的海冰抗压强度大，所以海冰不如淡水冰密度坚硬，在一般情况下海冰坚固程度约为淡水冰的 75%，人在 5 cm 厚的河冰上面可以安全行走，而在海冰上面安全行走则要有 7 cm 厚的冰。当然，冰的温度愈低，抗压强度也愈大。1969 年渤海特大冰封时期，为解救船只，空军曾在 60 cm 厚的堆积冰层上投放 30 kg 炸药包，结果还没有炸破冰层。

海冰对港口和海上船舶的破坏力，除上述推压力外，还有海冰膨胀压力造成的破坏。经计算，海冰温度降低 1.5℃时，1000 m 长的海冰就能膨胀出 0.45 m，这种胀压力可以使冰中的船只变形而受损；此外，还有冰的竖向力，当冻结在海上建筑物的海冰，受潮汐升降引起的竖向力，往往会造成建筑物基础的破坏。

海冰运动时的推力和撞击力都是巨大的，1912 年 4 月发生的“泰坦尼克”号客轮撞击冰山，遭到灭顶之灾，是 20 世纪海冰造成的最大灾难之一。我国 1969 年渤海特大冰封期间，流冰摧毁了由 15 根 2.2 cm 厚锰钢板制作的直径 0.85 m、长 41 m、打入海底 28 m 深的空心圆筒桩柱全钢结构的“海二井”石油平台，另一个重 500 t 的“海一井”平台支座拉筋全部被海冰割断。可见海冰的破坏力对船舶、海洋工程建筑物带来的灾害是多么严重。

有“中国北冰洋”之称的渤海及黄海北部的辽东半岛东侧沿岸海域，每年冬季的寒冷期间，其沿岸海域和各港湾、锚地、岛屿周围及狭窄水道等处，均有不同程度的海冰生成。辽河口、海河口、黄河口、鸭绿江口等河口附近，均为冰情严重的区域。常年，冰期约 3 个月，冰厚达 20～40 cm，对航行和海洋资源开发影响不大；但在个别异常严寒的冬季（如 1936 年、1969 年），渤海曾出现严重的冰封现象，沿岸港口和航道封冻。在环渤海沿岸大中城市密集，航运繁忙，油气资源丰富，自北向南分布着辽河、大港和胜利三大油田。每年冬季渤、黄海的海冰对渤、黄海航运和油气生产具有重要影响。渤、黄海冰情具有显著的年际变化。重冰年的海冰严重威胁海上活动的安全，甚至造成重大的生命财产损失。

各年的冰情，主要取决于该冬的水文气象条件。以 2003/2004 年为例，冬季渤海及黄海北部的冰情偏轻。2004 年 1 月下旬和 2 月上旬渤海和黄海北部的流冰达到最大范围，辽东湾沿岸最大流冰范围 63 n mile，一般冰厚 10～15 cm，最大 40 cm；渤海湾沿岸最大流冰范围 17 n mile，一般冰厚 5～10 cm，最大 20 cm；莱州湾沿岸最大流冰范围 20 n mile，一般冰厚 5～10 cm，最大15 cm；黄海北部最大流冰范围 20 n mile，一般冰厚 10～15 cm，最大冰厚 30 cm。

在 2004 年冬季严重冰情期间，海冰对出入辽东湾沿岸港口的船只影响较为严重；进出渤海湾天津港的船只也受到一定影响；莱州湾冰期较短，对出入莱州湾沿岸港口的船只影响较小；黄海北部东港及鸭绿江口附近港口受海冰影响较为严重。

6.1.3 海冰的灾害及防御

海冰是极地海域和某些高纬度区域最突出的海洋灾害之一。海冰是由海水冻结而成的咸水冰，但也包括流入海洋的河冰和冰山等。大陆冰川或陆架冰滑入海洋后断裂而成的巨大冰块中，露出海面的高度在 5 m 以上者称为冰山，高度大者可达几十米，长度一般为几百米至几十千米。海冰，特别是冰山，对航行船舶和海洋资源开发设施的安全构成很大的威胁。

海冰在全年覆盖约 7%的海洋，现在人们普遍认为，海冰是影响大气和海洋动力和热力状况的非常重要的因子。作为海气之间的绝缘层和表面紊热流的交换台，在同一大气状况条件下海冰的活跃度比起周围开阔水域来，小了两个数量级。同样，海冰对太阳短波辐射的吸收远远小于开阔水域，在有海冰的地方，原本落到海里的降水直接落在浮冰表面。因此在冰区海洋表面热量和淡水平衡有着强烈的相关性。

海冰对海洋表面的物理性质具有鲜明的影响，因为其高的反照率和对海气之间动力、热量及物质交换的影响而改变了海洋表面的辐射平衡。海冰还可以导致海冰覆盖区表面在冬天比无冰区表面更低的温度。海冰冻结过程释放的盐分，可加深海水表面混合层，并通过对流，影响南北半球的海水底部和顶部的组成。相反，融化时释放相对的淡水，并使海水表面成层（例如，混合层退却至较浅的深度）。和低纬度相反，在极地区域混合层的发展受控于海水表面的盐和淡水的通量。通过这些影响，海冰在全球热平衡和全球热盐的循环方面起到关键的作用。因为气候变暖海冰退缩以及各种变化的反馈过程会产生全球效应和作用，特别在高纬度地区增强气候变化。

海冰可以通过反照率来监测，海冰表面的反照率明显高于海水表面反照率，在水与冰的交界处，反照率有突变或存在极大的梯度。据此可以研究海冰的覆盖范围和流冰的密集程度。

海冰在南大洋的气候系统中所起的作用主要是改变了大洋表面的辐射平衡、能量平衡和物质平衡。海冰的覆盖可造成海洋表面反照率的改变，影响海洋表层对太阳辐射能量的吸收。通常无冰覆盖的海面反照率为10%～15%。在海冰区，有新雪的海冰表面，反照率可以达到90%。但反照率的变化与海冰厚度、冰间水域的面积、海冰表面雪盖的情况有很大的关系。

因为海冰盐度小于周围海水，其变形和衰退不仅强烈影响海气之间的热交换，而且影响海水表面水平衡，因此对全球海洋环流产生潜在的影响。

通过热力学和动力学过程，海冰对地区乃至全球的气候状态和可变性起至关重要的作用，在空间上和时间上形成一系列反馈作用机制主要是因为，冰表面反照率反馈，海冰绝缘作用，海冰生成时释放的盐分及海冰融化时表面海水淡化使得全球热盐环流受到较大影响。

由于海冰能大量反射太阳辐射，阻碍海气热量交换，故海冰的生消及数量多寡，既直接影响海况和海平面的变化，又影响大气环流和气候。海冰，特别是冰山，对航运和海洋资源开发的设施有很大的威胁。在北大西洋纽芬兰附近，每年3—7月冰山最多，为了保证航运安全，自1913年起，美国和加拿大等国组织了国际冰山巡逻队，用飞机、无线电、雷达等手段，侦察报告冰山的地点和活动情况，发布冰山警报。1960年代以来，卫星、遥感技术的出现，可及时地、同步地和大范围地监视冰山的活动，为海冰的观测、预报和研究等开辟了新的途径。

海上冰况侦察通常由飞机执行，陆上的侦测单位，以及水面上工作的船只，如破冰船等都是可以通报的单位，而在加拿大有专门负责的机构，其如同气象预报般地报告冰况（ice condition），对航行船只的安全颇有帮助。

海上冰况侦察时，通常如同气象般地需要预测，而海冰的移动，大部分是受到风力的影响，而海流当然也是影响因素之一。而漂冰的速度通常为风速的1/50，也就是说，当风速为50节时，漂冰的速度为1节。

在北半球，漂冰受风而移动，移动过程中又会向右边偏移约29°。漂冰之所以偏移方向，是由于漂冰本身对于其运动状态有一种阻抗力，此阻抗力与漂冰面积及漂流速度的平方成反比。

处理个别漂冰的问题，一般假设海水为静止状态、较薄的漂冰，各种应力（stress）均作用于平面上，稳定状态（steady state），即加速度为零。其要点是风速小冰块厚，则偏离的角度大；漂流速度与风速成正比，且等于风速的2%；地球自转偏向力（Coriolis force）与冰层厚度成正比；漂流速度愈大，则偏离的角愈小；漂流速度与风力作用成正比，与海冰厚度成反比。

6.2 赤潮

赤潮是一种自然现象，也是人为因素引起的。人类早就有相关记载，如《旧约·出埃及记》中就有关于赤潮的描述："河里的水，都变作血，河也腥臭了，埃及人就不能喝这里的水了"。在日本，早在腾原时代和镰仓时代就有赤潮方面的记载。1803年法国人马克·莱斯卡波特记载了美洲罗亚尔湾地区的印第安人根据月黑之夜观察海水发光现象来判别贻贝是否可以食用。1831—1836年，达尔文在《贝格尔航海记录》中记载了在巴西和智利近海面发生的束毛藻引发的赤潮事件。据载，中国早在2000多年前就发现赤潮现象，一些古书文献或文艺作品里已有一些有关赤潮方面的记载。如清代的蒲松龄在《聊斋志异》中就形象地记载了与赤潮有关的发光现象。

赤潮是在特定的环境条件下，海水中某些浮游植物、原生动物或细菌爆发性增殖或高度聚集而引起水体变色的一种有害生态现象。赤潮是一个历史沿用名，它并不一定都是红色，实际上是许多赤潮的统称。赤潮因发生的原因、种类、和数量的不同，水体会呈现不同的颜色，有红颜色或砖红颜色、绿色、黄色、棕色等。值得指出的是，某些赤潮生物（如膝沟藻、裸甲藻、梨甲藻等）引起赤潮有时并不引起海水呈现任何特别的颜色。

随着现代化工农业生产的迅猛发展，沿海地区人口的增多，大量工农业废水和生活污水排入海洋，其中相当一部分未经处理就直接排入海洋，导致近海、港湾富营养化程度日趋严重。同时，由于沿海开发程度的增高和海水养殖业的扩大，也带来了海洋生态环境和养殖业自身污染问题；海运业的发展导致外来有害赤潮种类的引入；全球气候的变化也导致了赤潮的频繁发生。图6.2是赤潮发生的区域分布。

目前，赤潮已成为一种世界性的公害，美国、日本、中国、加拿大、法国、瑞典、挪威、菲律宾、印度、印度尼西亚、马来西亚、韩国、香港等30多个国家和地区赤潮发生都很频繁。首先，赤潮的发生，破坏了海洋的正常生态结构，因此也破坏了海洋中的正常生产过程，从而威胁海洋生物的生存。其次，有些赤潮生物会分泌出黏液，粘在鱼、虾、贝等生物的鳃上，妨碍呼吸，导致窒息死亡。含有毒素的赤潮生物被海洋生物摄食后能引起中毒死亡。人类食用含有毒素的海产品，也会造成类似的后果。再次是大量赤潮生物死亡后，在尸骸的分解过程中要大量消耗海水中的溶解氧，形成缺氧环境，引起虾、贝类的大量死亡。

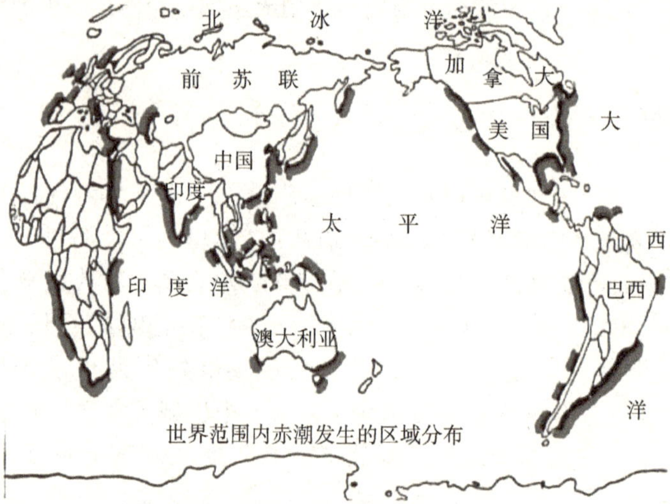

图6.2 赤潮发生的区域分布

6.2.1 赤潮的成因

赤潮是一种复杂的生态异常现象，发生的原因也比较复杂。关于赤潮发生的机理虽然至今尚无定论，但是赤潮发生的首要条件是赤潮生物增殖要达到一定的密度，否则，尽管其他因子都适宜，也不会发生赤潮，在正常的理化环境条件下，赤潮生物在浮游生物中所占的比重并不大，有些鞭毛虫类（或者假藻类）还是一些鱼虾的食物。但是由于特殊的环境条件，使某些赤潮生物过量繁殖，便形成赤潮。大多数学者认为，赤潮发生与下列环境因素密切相关。

（1）海水富营养化是赤潮发生的物质基础和首要条件

由于城市工业废水和生活污水大量排入海中，使营养物质在水体中富集，造成海域富营养化。此时，水域中氮、磷等营养盐类，铁、锰等微量元素以及有机化合物的含量大大增加，促进赤潮生物的大量繁殖。赤潮检测的结果表明，赤潮发生海域的水体均已遭到严重污染，富营养化。氮、磷等营养盐物质大大超标。据研究表明，工业废水中含有某些金属可以刺激赤潮生物的增殖。在海水中加入小于 3 mg/dm^{3}的铁螯合剂和小于 2 mg/dm^{3}的锰螯合剂，可使赤潮生物卵甲藻和真甲藻达到最高增殖率，相反，在没有铁、锰元素的海水中，即使在最适合的温度、盐度、pH 值和基本的营养条件下也不会增加种群的密度。其次一些有机物质也会促使赤潮生物急剧增殖。如用无机营养盐培养简裸甲藻，生长不明显，但加入酵母提取液时，则生长显著，加入土壤浸出液和维生素 B_{12}时，光亮裸甲藻生长特别好。

（2）水文气象和海水理化因子的变化是赤潮发生的重要原因

海水的温度是赤潮发生的重要环境因子，20～30℃是赤潮发生的适宜温度范围。科学家发现一周内水温突然升高大于 2℃是赤潮发生的先兆。海水的化学因子如盐度变化也是促使生物因子——赤潮生物大量繁殖的原因之一。盐度在 26‰～37‰的范围内均有发生赤潮的可能，但是海水盐度在 15‰～21.6‰时，容易形成温跃层和盐跃层。温、盐跃层的存在为赤潮生物的聚集提供了条件，易诱发赤潮。由于径流、涌升流、水团或海流的交汇作用，使海底层营养盐上升到水上层，造成沿海水域高度富营养化。营养盐类含量急剧上升，引起硅藻的大量繁殖。这些硅藻过盛，特别是骨条硅藻的密集常常引起赤潮。这些硅藻类又为夜光藻提供了丰富的饵料，促使夜光藻急剧增殖，从而又形成粉红色的夜光藻赤潮。据监测资料表明，在赤潮发生时，水域多为干旱少雨，天气闷热，水温偏高，风力较弱，或者潮流缓慢等水域环境。

（3）海水养殖的自身污染亦是诱发赤潮的因素之一

随着全国沿海养殖业的大发展，尤其是对虾养殖业的蓬勃发展。也产生了严重的自身污染问题。在对虾养殖中，人工投喂大量配合饲料和鲜活饵料。由于养殖技术陈旧和不完善，往往造成投饵量偏大，池内残存饵料增多，严重污染了养殖水质。另一方面，由于虾池每天需要排换水，所以每天都有大量污水排入海中，这些带有大量残饵、粪便的水中含有氨氮、尿素、尿酸及其他形式的含氮化合物物，加快了海水的富营养化，同样为赤潮生物提供了适宜的生态环境，使其增殖加快，特别是在高温、闷热、无风的条件下最易发生赤潮。由此可见，海水养殖业的自身污染也使赤潮发生的频率增加。

6.2.2 赤潮的危害

1. 赤潮对海洋生态平衡的破坏

海洋是一种生物与环境、生物与生物之间相互依存，相互制约的复杂生态系统。系统中的物质循环、能量流动都是处于相对稳定、动态平衡的。当赤潮发生时这种平衡遭到干扰和破坏。在植物性赤潮发生初期，由于植物的光合作用，水体会出现高叶绿素a、高溶解氧、高化学耗氧量。这种环境因素的改变，致使一些海洋生物不能正常生长、发育、繁殖，导致一些生物逃避甚至死亡，破坏了原有的生态平衡。

2. 赤潮对海洋渔业和水产资源的破坏

赤潮破坏鱼、虾、贝类等资源的主要原因是：

（1）破坏渔场的饵料基础，造成渔业减产。

（2）赤潮生物的异常发展繁殖，可引起鱼、虾、贝等经济生物腮瓣堵塞，造成这些生物窒息而死。

（3）赤潮后期，赤潮生物大量死亡，在细菌分解作用下，可造成环境严重缺氧或者产生硫化氢等有害物质，使海洋生物缺氧或中毒死亡。

（4）有些赤潮的体内或代谢产物中含有生物毒素，能直接毒死鱼、虾、贝类等生物。

3. 赤潮对人类健康的危害

有些赤潮生物分泌赤潮毒素，当鱼、贝类处于有毒赤潮区域内，摄食这些有毒生物，虽不能被毒死，但生物毒素可在体内积累，其含量大大超过食用时人体可接受的水平。这些鱼虾、贝类如果不慎被人食用，就引起人体中毒，严重时可导致死亡。

由赤潮引发的赤潮毒素统称贝毒，目前确定有10余种贝毒其毒素比眼镜蛇毒素高80倍，比一般的麻醉剂，如普鲁卡因、可卡因还强10万多倍。贝毒中毒症状为：初期唇舌麻木，发展到四肢麻木，并伴有头晕、恶心、胸闷、站立不稳、腹痛、呕吐等，严重者出现昏迷，呼吸困难。赤潮毒素引起人体中毒事件在世界沿海地区时有发生。据统计，全世界因赤潮毒素的贝类中毒事件约300多起，死亡300多人。

6.2.3 赤潮的预防

保护海洋资源环境，保证海水养殖业的发展，维护人类的健康。避免和减少赤潮灾害，结合实际情况，对预防赤潮灾害采取相应的措施及对策。

1. 控制污水入海量，防止海水富营养化

海水富营养化是形成赤潮的物质基础。携带大量无机物的工业废水及生活污水排放入海是引起海域富营养化的主要原因。我国沿海地区是经济发展的重要基地，人口密集，工农业生产较发达。然而也导致大量的工业废水和生活污水排入海中。据统计，占全国面积不足5%的沿海地区每年向海洋排放的工业废水和生活污水近70亿t。随着沿海地区经济的进一步发展，污水入海量还会增加。因此，必须采取有效措施，严格控制工业废水和生活污水向海洋超标排放。按照国家制定的海水标准和海洋环境保护法的要求，对排放入海的工业废水和生活污水要进行严格处理。

控制工业废水和生活污水向海洋超标排放，减轻海洋负载，提高海洋的自净能力，应采取如下措施：①实行排放总量和浓度控制相结合的方法，控制陆源污染物向海洋超标排放，特别要严格控制含大量有机物和富营养盐污水的入海量；②在工业集中和人口密集区域以及排放污水量大的工矿企业，建立污水处理装置，严格按污水排放标准向海洋排放；③克服污水集中向海洋排放，尤其是经较长时间干旱的纳污河流，在径流突然增大的情况下，采取分期分批排放，减少海水瞬时负荷量。

2. 建立海洋环境监视网络，加强赤潮监视

我国海域辽阔，海岸线漫长，仅凭国家和有关部门力量，对海洋进行全面监视是很难做到。有必要把目前各主管海洋环境的单位，沿海广大居民，渔业捕捞船，海上生产部门和社会各方面力量组织起来，开展专业和群众相结合的海洋监视活动，扩大监视海洋的覆盖面，及时获取赤潮和与赤潮有密切关系的污染信息。监视网络组织部门可根据工作计划，组织各方面的力量对赤潮进行全面监视。特别是赤潮多发区，近岸水域，海水养殖区和江河入海口水域要进行严密监视，及时获取赤潮信息。一旦发现赤潮和赤潮征兆，监视网络机构可及时通知有关部门，有组织有计划地进行跟踪监视监测，提出治理措施，千方百计减少赤潮的危害。

3. 加强海洋环境的监测，开展赤潮的预报服务

为使赤潮灾害控制在最小限度，减少损失，必须积极开展赤潮预报服务。众所周知，赤潮发生涉及生物、化学、水文、气象以及海洋地质等众多因素，目前还没有较完善的预报模式适应于预报服务。因此，应加强赤潮预报模式的研究，了解赤潮的发生、发展和消衰机理。为全面了解赤潮的发生机制，应该对海洋环境和生态进行全面监测，尤其是赤潮的多发区，海洋污染较严重的海域，要增加监测频率和密度。当有赤潮发生时，应对赤潮进行跟踪监视监测，及时获取资料。在获得大量资料的基础上，对赤潮的形成机制进行研究分析，提出预报模式，开展赤潮预报服务。加强海洋环境和生态监测：一是为研究和预报赤潮的形成机制提供资料；二是为开展赤潮治理工作提供实时资料；三是以便更好地提出预防对策和措施。

4. 科学合理地开发利用海洋

调查资料表明，近几年赤潮多发生于沿岸排污口，海洋环境条件较差，

潮流较弱，水体交换能力较弱的海区，而海洋环境状况的恶化，又是由于沿岸工业、海岸工程、盐业、养殖业和海洋油气开发等行业没有统筹安排，布局不合理造成的。为避免和减少赤潮灾害的发生，应开展海洋功能区规划工作，从全局出发，科学指导海洋开发和利用。对重点海域要作出开发规划，减少盲目性，做到积极保护，科学管理，全面规划，综合开发。另外，海水养殖业应积极推广科学养殖技术，加强养殖业的科学管理。控制养殖废水的排放。保持养殖水质处于良好状态。

5. 加强社会教育和宣传

赤潮一旦发生，其后果相当严重。因此，要经常通过报刊、广播、电视、网络等各种新闻媒介，向全社会广泛开展关于赤潮的科普宣传，通过宣传教育，增强抗灾防灾的意识能力。同时也呼吁社会各方面在全面开发海洋的同时，高度重视海洋环境的保护，提高全民保护海洋的意识。只有保护好海洋，才能不断向海洋索取财富，反之，将会带来不可估量的损失。

6.2.4 赤潮灾害案例

美国和日本曾是世界上两个赤潮严重的国家。1950 年代—1960 年代中期，美国佛罗里达州沿岸几乎每年都有赤潮发生，造成了鱼、虾、贝类的大量死亡，就连以这些生物为食的海龟、海豚也不能幸免。

据日本 1979 年的统计，在全部的海洋污染事件中，赤潮占 8%，从 1970 年以来，赤潮已成为日本一种不可避免的海洋灾害。以濑户内海为例，1955 年前的几十年间共发生过 5 次赤潮，而 1959—1965 年 10 年间就发生了 39 次；1980——1996 年 15 年间竟先后发生了 2589 次，平均每年 170 余次，其中造成严重危害的 305 次。1975 年和 1976 年两年，每年都在 300 次以上。据统计，1965—1973 年 5 年间，日本全国因赤潮造成的渔业经济损失达 2417 亿日元，每年平均几百亿日元。

我国近年来赤潮发生的频率也越来越高，地区也越来越广。据不完全统计，1980—1992 年，在我国海域共发现赤潮近 300 起，是 1970 年代的 15 倍。赤潮发生的范围涉及南海、东海、黄海和渤海，其中珠江口、湛江港、舟山群岛、长江口、胶州湾、大连湾、辽东湾和渤海湾是赤潮的多发区。

仅 1989 年一年，我国沿海就有 6 个地区遭受赤潮的袭击，直接经济损失 2 亿元以上。其中 8—10 月份，河北省黄骅市近海 1735 hm^2 虾池受灾，损失 3 千万元，唐山市和沧州市则分别因此损失 8000 万元和 3000 多万元。1990 年在海南岛西北部海域也因赤潮造成 2800 多万元的渔业损失。

国家海洋局第二海洋研究所最新的研究报告称，赤潮在我国东海发生的频率最高。从1993—1997年我国已观察到的赤潮中，东海共发生132次，黄渤海共发生72次，南海为61次，其中东海近年来每年发生赤潮在19次以上。国家海洋局第二海洋研究所有关专家在解释这种现象时说，富营养化容易引发赤潮，中国最大的水系长江水系携带大量的富营养物质流入东海是造成这一海域赤潮多发的主要原因。此外，不同盐度的海水形成的锋面是引发赤潮的另一原因，由于台湾暖流北上或外海海水在浙江沿海形成的锋面，也使东海多发赤潮。

6.2.5 我国赤潮卫星遥感业务

我国赤潮灾害卫星遥感业务化监测取得重要进展。随着海洋环境污染的持续恶化，海水富营养化程度的加剧，赤潮灾害受到越来越多人的关心和重视，了解和掌握赤潮发生规律、范围、对人类健康的危害和对社会经济的影响，是我国目前亟须解决的重要课题。国家海洋环境监测中心暨国家海洋局海洋环保所在国家“九五”科技攻关项目专题“赤潮灾害监测及评估研究”等项目支持下，对渤海的环境问题与富营养化评价，赤潮灾害的行政管理、赤潮发生的成因、动态过程和分布规律进行了深入的研究，获取了形成1998年渤海特大赤潮的光谱特征，建立了利用NOAA/AVHRR图像监测赤潮的方法，同时开展了赤潮灾害经济损失评估方法研究。

卫星遥感在1998年渤海特大赤潮中的成功监测，充分体现了卫星在监测工作中的重要作用，同时得到了地方海洋管理部门的肯定。国家海洋局海洋环境保护司对此项成果给予了高度重视。于1999年将赤潮灾害卫星遥感监测列为专项计划，并由国家海洋环境监测中心负责，在渤海、长江口和珠江口三个重点海域实施业务化示范监测，进行每天一次的卫星监测，发布卫星监测通报，为赤潮灾害的减轻和防污，提供了有力的决策依据。目前，卫星监测已于2000年正式列入全国海洋环境监测计划。

6.3 海蚀

海水侵蚀海岸地带的方式，主要有水力撞击及水压作用、磨蚀作用、溶蚀作用等。海蚀作用所造成的地形相当丰富，常见的有海蚀崖、海蚀洞、海蚀平台、海蚀凹壁、海蚀阶地、海蚀柱等，都是在海岸地带常见的地形景观。

海岸的侵蚀作用，主要有波浪、潮汐、及海流等三种管力。海浪不断地拍打海岸，是塑造海岸地形最重要的因子。潮汐大规模的水面升降现象，与波浪的作用相辅相成。

6.3.1 海蚀的成因

海蚀主要由波浪作用产生。由于波浪对岩岸岸坡进行机械性的撞击和冲刷，岩缝中的空气被海浪压缩而对岩石产生巨大的压力，波浪携带的碎屑物质对岩岸进行研磨，以及海水对岩石的溶蚀作用等，统称海蚀作用。海蚀多发生在基岩海岸。海蚀的程度与当地波浪的强度、海岸原始地形有关，组成海岸的岩性及地质构造特征，亦有重要影响。所形成的海蚀地貌有海蚀崖、海蚀台、海蚀穴、海蚀拱桥、海蚀柱等。

根据海岸地貌的基本特征，可分为海岸侵蚀地貌和海岸堆积地貌两大类。侵蚀地貌是岩石海岸在波浪、潮流等不断侵蚀下所形成的各种地貌，主要有海蚀洞、海蚀崖、海蚀平台、海蚀柱等。这类地貌又因海岸物质的组成不同，被侵蚀的速度及地貌发育的程度也有差异。堆积地貌是近岸物质在波浪、潮流和风的搬运下，沉积形成的各种地貌。按堆积体形态与海岸的关系及其成因，可分为毗连地貌、自由地貌、封闭地貌、环绕地貌和隔岸地貌。按海岸的物质组成及其形态，可分为沙砾质海岸、淤泥质海岸、三角洲海岸、生物海岸等。

海蚀平台是海蚀崖前形成的基岩平坦台地。海岸侵蚀地貌类型。在海浪作用下，海蚀崖不断发育、后退，在海蚀崖向海一侧的前缘岸坡上，便塑造出一个微微向海倾斜的平坦岩礁面。以后，平台可不断地展宽，直到波浪通过平台，能量全消耗于对平台的摩擦以及对碎屑物质的搬移上，海蚀崖停止后退为止。在海蚀平台上通常发育有浪蚀沟、锅穴、洼地等微地貌，以及由海蚀崖崩坠堆积成的锥形岩体和砂粒覆盖的波蚀残丘。海蚀平台一般位于平均海面附近，也有分布于高潮线以上的，它们是由特大暴风浪作用而形成的暴风浪平台；也有位于海面以下的，它们是由波浪侵蚀作用在下限处形成的海底平台。由于海平面的变化及构造运动，也可以形成不同高度的海蚀平台。

海蚀柱是海岸受海浪侵蚀、崩坍而形成的与岸分离的岩柱。海岸侵蚀地貌类型。它是在海蚀洞的基础上发展而来的。由于海浪的继续作用，岬角两侧的海蚀洞可以被蚀穿贯通，形成顶板呈拱形的海蚀拱桥。海蚀拱桥又称海穹、海拱石，常见于岬角海岸。海蚀拱桥进一步受到海浪侵蚀，顶板的岩体坍陷，残留的岩体与海岸分隔开来后峭然挺拔于岩滩之上，即为海蚀柱。

6.3.2 海蚀的危害

有些海岸由质地松软的黏土、古冰川沉积物构成，有些由软硬相间的岩层构成，它们最容易遭受侵蚀。波浪和潮汐都能使侵蚀加速进行，特别是在发生风暴时，海水掏蚀海岸悬崖的底部，并迅速将从悬崖掉下来的物质搬运到海里。这类海岸悬崖极不稳定，常常发生坍塌、滑坡或泥石流。

在侵蚀海岸，人们企图用修筑海堤、护岸堤和护坡的办法来保持海岸的稳定，这些工程设施一般用混凝土和石块修建，目的在于减弱波浪的能量，以减少破坏。这些护岸措施在较高纬度暴风浪带的沿海最为常见。这些地方由冬季风暴形成的波浪，可能对海岸设施造成巨大危害。

在中纬度地区，堆积海岸较侵蚀海岸更为常见，而堆积海岸由于冲淤变化快，因此海滩易发生变化。在波浪、海流和潮汐的作用下，海滩上的散沙会被冲刷、搬运和再堆积。在波浪和海流对散沙的搬运过程中，如果海滩上散沙的供应量少于其冲刷量，那么海滩就处于受侵蚀状态。

6.4 咸潮与海水入侵

6.4.1 咸潮

据报载，2006年2月初广东中山市出现了“咸潮”现象。广州天河、黄埔部分地区居民用水也受到“咸潮”影响。咸潮是怎么回事呢？

所谓咸潮，是发生在河流入海口特定区域内的一种水文现象。在海水涨潮时，海水会沿河道自河口向上游上溯，受海水入侵的河流含盐度增加，带有咸味。咸潮上溯的远近、持续的时间含盐度的高低与河流的径流量、涨潮幅度有密切的关系。河流的径流量是影响咸潮的主要因素，径流量越小，海水上溯的距离越长，河流中的含盐度也越高，造成的危害也越大，反之亦然。潮汐的周期性变化则是影响咸潮的另一重要因素，在农历初一、十五涨大潮时，潮幅度大，海水上溯内陆的距离远，河中的含盐度也高。咸潮的影响主要表现在氯化物的含量上，按照国家有关标准，如果水的含氯度超过250 mg/L就不宜饮用。这种水质还会危害到当地的植物生存。

咸潮上溯属于沿海地区一种特有的季候性自然现象，多发于枯水季节、干旱时期。咸水上溯意味着位于江河下游的抽水口在咸潮上溯期间抽上来的不是能饮用、灌溉的淡水，而是陆地生命无法赖以生存的海水。我国的咸潮多发生在珠江口。

珠江属季风影响的河流，径流量有明显的季节变化。每年的4—9月，珠江径流量丰富，海水上溯不远，珠三角地区咸潮不明显；而每年10月至翌年3月旱季，珠江径流量减少，咸潮对生产生活影响显著。在广州地区，旱季咸潮可上溯至黄埔、化龙、石基、新沙一带，含盐度为6‰～12‰，若遇到大旱年，咸潮可达白鹅潭、西村水厂、鹤洞，含盐度最高可达17.4‰。

6.4.2 海水入侵的危害

咸潮是沿海地区海水通过河流及其他渠道倒流时到达内陆区域后，盐水扩散、咸淡水混合造成上游河道水体变咸的现象。由于海水的氯化物浓度一般高于500 mg/L，因此，咸潮的到来会使河水中的盐分达到或超250 mg/L。当水中的盐度过高时，不但会严重危害人们的生产生活，而且还容易使企业生产设施氧化、锅炉积垢，同时还会造成地下水和土壤内的盐度升高，危害到当地的植物生存。

咸潮来临时，自来水味觉咸苦，难于饮用；工业生产使用带盐分的自来水往往使设备受损；在农业生产方面，咸潮直接影响灌溉用水，不能使用咸水育秧，否则会烂秧、死秧，往往导致大面积、大幅度减产。1955年、1963年、1972年春，广州地区大旱，咸潮上溯至番禺的三善、市桥以及市区的老鸦岗、增城的新塘等地。据报道，2006年咸潮对珠江三角洲地区影响显著。这是由于2005年入秋以来，珠江流域降雨较少，上游来水量锐减，当处于天文大潮期，咸潮上涌，直接影响到珠海、中山等珠江三角洲地区的城市供水，对距海稍远的广州市供水也产生了一定影响。为此，有关部门应准备好应对咸潮的措施，保证城市供水，市民也应节约用水。

6.4.3 海水入侵的治理

1. 建立预警机制

加强对咸潮形成机理的研究，运用先进的超声波流速剖面仪等设备和技术，对咸潮实施同步的严密监测，并建立预警机制，建立协调机构，在咸潮到来之前做好防范。如2004年9月中旬和10月上旬珠江口出现历史罕见提前来临的咸潮，先后袭击了珠海、中山之后，广东省水利、三防、水文部门就提前介入了咸潮的预测、预报、预警。这样，对罕见的咸潮入侵就应对自如、有条不紊、秩序井然。

2. 采取调水以淡压咸

由于咸潮活动主要受潮汐活动和上游来水控制。潮汐活动可调节的余地有限，而上游径流的调节则是大有可为的。进入21世纪，抵御咸潮迫切要求水利枢纽的运作。调水以淡压咸是目前比较有效的应急办法。专家介绍说，珠江水系中西江大部分水电站的调节库容较小、能力有限，且比较分散，因此，应急调水压咸调度应以西江干流天牛桥一级、岩滩水库为主，鉴于北江飞来峡距离珠江三角洲较近、流程约1～2 d，也应当优先考虑其调水压咸作用，通过调水以淡压咸可以充分发挥大珠江流域水资源的综合效益。

3. 加强河道采砂管理

鉴于目前珠江三角洲河段过量滥采河沙造成河床严重下切，引发咸潮上溯，有关部门应对珠江全流域加强采砂的管理，用立法手段严厉打击违法采沙行为。

4. 节约用水

据广东水利局统计，广东省年总用水量持续多年递增，年递增幅度约5%，居全国榜首；全省用水消耗量（即浪费量）为167.49亿 m^3，浪费率之大占总用水量的37.5%，此项指标同样高居全国榜首，其中农业是首当其冲的浪费大户，占总消耗量的7成以上；全省人均综合用水量达到584 m^3，此项指标高于全国平均值。珠江流域其他省份也与广东省一样用水浪费严重。用水的严重浪费导致河流水位下降，加重咸潮的危害。所以，应提倡人们节约用水，提高水的利用效率，以减轻咸潮的危害。

目前，珠江已经建立了国内最大的网河河口潮汐物理模型，该模式将对珠三角地区的咸潮进行预测预警，并研究咸潮上溯的基本原理，为今后抗旱御咸提出建议。有专家提出建议；广东可以借鉴荷兰海岩带的治理经验。在主要河口建造阻水闸，拦截咸潮。

近百年来，全球海平面正处在不断上升的过程中，对沿海平原地带构成大威胁。欧洲的荷兰是一个以三角洲平原为主的国家，有55%的国土面积低于海平面。1958—1986年的近30年间，荷兰政府实施了三角洲计划，在三角洲4个地区的主要潮汐通道及靠陆地方向的江心岛之间建造防潮大坝、阻浪闸和一系列的防洪坝。1997年，荷兰政府在Nieuwe Waterweg河上建造活动阻闸，它的建成使荷兰经贸中心鹿特丹及周边地区的100万人口免受洪水与风暴潮的威胁。阻浪闸有两扇巨大的“阻浪门”，在风暴潮来袭时合拢构成360 m的屏障。正常天气时，“阻浪门”缩回两侧岸堤，船只可畅行无阻。阻浪闸的建造既节约了投资，又节省了时间，能大大提高防洪能力。

我国广东入海河流众多，珠江的八大口门中有四大口门在伶仃洋入海。伶仃洋沿岸城市包括珠海、中山、广州、东莞、深圳等经济重镇，这些地区受咸潮入侵影响极大。因而，可以借鉴荷兰经验，在主要河口建造阻水闸，拦截咸潮。

珠江三角洲位于华南地块和南海地块的交汇处，沿海受断裂构造影响，为安全计，应避开断裂。三是要选择水力作用较弱处。受河流及潮流的交互作用，河口区水力作用较强，应使阻水闸受两侧水力作用最小。闸型设计既要开启方便，又要保证水流航运通畅。目前，建造水闸技术成熟，可因地制宜选用全封闭或半封闭式、上下型或闭合型的水闸。此外，可以低洼处或合适的上游地区建造大型蓄水库作为配套设施，用做蓄洪、储水、缓流等。

水闸建成后，主要在枯季使用，用于阻隔河水与海水的交换。高潮时使用，可阻止海水入侵，防止咸潮发生；低潮时使用，可截留入海河水，并把多余河水导入蓄水库，减少旱情。阻水闸除可蓄水防咸潮外，还可用于旅游观光及抵御风暴潮、海啸等灾害。

6.5 海啸

海啸是一种具有强大破坏力、灾难性的海浪，通常由震源在海底下50 km以内、里氏震级6.5以上的海底地震引起。水下或沿岸山崩以及火山爆发也可能引起海啸。在一次震动之后，震荡波在海面上以不断扩大的圆圈传播到很远的距离，正像卵石掉进浅池里产生的波一样。海啸波长比海洋的最大深度还要大，轨道运动在海底附近也没有受到多大阻滞，所以不管海洋深度如何，波都可以传播过去。

海啸在外海时由于水深，波浪起伏较小，不易引起注意，但到达岸边浅水区时，巨大的能量使波浪骤然升高，形成内含极大能量，高达十几米甚至数十米的“水墙”，海啸的波速很大，在4000 m深的大洋深处可以达到715 km/h。海啸波长很大，可以传播几千千米而能量损失很小。冲上陆地后所向披靡，往往造成对生命和财产的严重摧残。

海啸发生有两种形式：一是滨海、岛屿或海湾的海水反常退潮或河流没水，而后海水突然席卷而来、冲向陆地；二是海水陡涨，突然形成几十米高的水墙，伴随隆隆巨响涌向滨海陆地，而后海水又骤然退去。

6.5.1 海啸的成因

海啸是水下地震、火山爆发或水下塌陷和滑坡等大地活动的产物。它们在海里激起的巨浪，涌向岸边时形成了破坏性海啸。海啸只在地震构造运动出现垂直断层，震源深度小于20～50 km时发生；地震没有使海底发生变形或弹性震动，只能引起较弱的海啸。在水下进行核爆炸，也能产生人造海啸。

地震实际上是地壳运动引起的，在地球各处都可能发生，但达到破坏性程度的地震是比较少见的。全球地震活动区主要集中在环太平洋和地中海到中亚一带，通常称为地震活动带。全球地震海啸发生区基本上与地震活动带一致。日本是世界上地震海啸最多，也是受其危害最重的国家。

海底的陷落升降和滑坡等，有时会产生强烈地震。影响范围大的有1000

多 km，能释放出巨大的能量。当海水受到地震的作用，便很快以波动形式把所得到的能量传播出去。地震产生的这种海水波动，与平常我们所见到的海浪大不一样。海浪一般只在海面附近起伏，涉及的深度不大，波动的振幅随水深衰减很快；而地震引起的波动，则是从海底到海面整个水体的波动，当然力量就大得多了。

产生海啸的原因主要有三个：地震活动、海下的山崩以及宇宙的影响。

(1) 地震活动。地震活动是海啸最主要的原因。在海洋中或在海洋附近，在地震的形成或减弱时都会发生海啸。在地震发生时，海底板变形，造成海水移位。在地震减弱时，地壳板块之间相互滑动，造成大量的旋流，而引发了大量海水的置换和转移。

(2) 海底山崩。海底山崩也能导致海啸。海底山崩常发生在地震期间或在海底火山爆发时。这些山崩以及地震中落下的沉淀物和岩石也会导致大规模海水的移动，引发海啸。

6.5.2 海啸引起灾害的案例

地震海啸灾害是世界上一种极其严重的地震次生灾害。有史以来，世界上已经发生了近 5000 次程度不同的破坏性海啸。

(1) 1775 年，发生于葡萄牙首都里斯本附近的地震所引起的海啸造成了巨大的损失，在 6 min 内竟死亡 6 万多人，当它传到加勒比海的时候，浪高还在 5 m 以上。

(2) 1896 年发生于日本三陆的海啸，其最大的波冲上附近的陆地，达潮位以上 25～30 m 的高度，将不少村庄整个吞没，死亡 27000 人以上，破坏房屋 10000 间。

(3) 1908 年 12 月 28 日凌晨 5 点，意大利墨西拿地震引发海啸。震级 7.5 级。在近海掀起高达 12 m 的巨大海啸，死难 82000 人，这是欧洲有史以来死亡人数最多的一次灾难性地震，也是 20 世纪为止死亡人数最多的一次地震海啸。

(4) 1917 年 6 月 26 日，萨摩亚群岛海域发生海啸，浪高 26 m。

(5) 1933 年 3 月 2 日，日本三陆近海地震引发海啸，震级 8.9 级，是历史上震级最强的一次地震，引发海啸浪高 29 m，死亡 3000 人。

(6) 1946 年 4 月 1 日，阿留申群岛海域发生海啸，浪高 35 m。

(7) 1959 年 10 月 30 日，墨西哥海啸引发山体滑坡，死亡 5000 人。

(8) 1960 年 5 月 23 日智利发生 8.9 级地震，引发历史上著名的智利大海啸。这次海啸在智利浪高 6 m，浪头高达 30 m。首都圣地亚哥到蒙特港沿岸城镇港口的仓库码头、民房建筑被卷走、摧毁无数。海浪以 600～700 km/h 的速度，向西横扫太平洋，袭击了夏威夷群岛，当到达远离 17000 km 的日本海岸时，浪高还达 3～4 m，使 1000 多所住宅被冲走，20000 多 hm^2 良田受水淹，一些巨大的船只被海浪推上陆地 40～50 m 远。

（9）1964 年 3 月 28 日，阿拉斯加湾海域发生海啸，浪高 70 m。

（10）1976 年 8 月 16 日，菲律宾莫罗湾海啸，8000 人死亡。

（11）1994 年 6 月 3 日，印尼东爪哇海域发生海啸，浪高 60 m。

（12）1998 年 7 月 17 日，非洲巴布亚新几内亚海底地震引发的 49 m 巨浪海啸，2200 人死亡，数千人无家可归。

（13）2004 年 12 月 26 日，印度尼西亚苏门答腊岛发生 7.9 级地震引发大规模海啸，海啸波及了印度尼西亚、斯里兰卡、印度、泰国、马来西亚和马尔代夫等国，遇难总人数超过了 29.2 万人，这是世界近 200 多年来死伤最惨重的海啸灾难。

6.5.3 海啸前兆与海啸灾害分级

地面强烈震动可能由海洋地震引起，不久可能发生海啸。因为地震波先于海啸到达近海岸，人们有时间及时避险。

潮汐突然反常涨落，海平面显著下降或有巨浪袭来时，必须以最快速度撤离岸边。

海啸灾害分级标准见表 6.1。通常当海啸达到 1 级时，就构成破坏性海啸，将造成一般的经济损失，达到 2 级时将会有人员伤亡，达到 3 级时将会严重受灾，4 级以上可能是毁灭性的海啸灾害。

表 6.1 国际海啸级表（渡边伟夫）

海啸分级 M	−1	0	1	2	3	4
海啸波幅	＜0. 5 m	lm	2 m	4～6 m	10m	＞30m

6.5.4 应急措施

1. 海啸发生时

接到海啸警报应立即切断电源，关闭燃气；停在港湾的船舶和航行的海上船只立即驶向深海区，不要停留在港口、回港或靠岸；不幸落水时：

（1）尽量抓住木板等漂浮物，避免与其他硬物碰撞。

（2）不要举手，不要乱挣扎，尽量不要游泳，能浮在水面即可。

（3）海水温度偏低时，不要脱衣服。

(4) 不要喝海水。

(5) 尽可能向其他落水者靠拢，积极互助、相互鼓励，尽力使自己易于被救援者发现。

2. 海啸过后

对抢救的落水者：

(1) 进温水里恢复体温，或披上被、毯、大衣等保温；不要局部加温或按摩。

(2) 给落水者适当喝些糖水，但不要让落水者饮酒。

(3) 如果受伤，立即采取止血、包扎、固定等急救措施；重伤员要及时送往医院。

(4) 及时清除溺水者鼻腔、口腔和腹内的吸入物：将溺水者的肚子放在施救者的大腿上，从其后背按压，将海水等吸入物倒出。

(5) 如果溺水者心跳、呼吸停止，须立即交替进行口对口人工呼吸和心脏按压。

6.5.5 海啸的监测及预警

1. 海啸的监测

通常以地震台网和沿岸验潮站网来监测地震和海啸。海底地震发生后，依据地震台网的记录，可迅速确定震中位置和强度。一旦最靠近震中的验潮站发现海啸波，就证明这次地震产生了海啸。目前在太平洋地区用于海啸监测的地震台共有 50 个，分属于 12 个国家和地区；自动验潮站共 60 个，分属于 16 个国家和地区。

近年来正在开发海啸监测的新技术新方法，主要有：压力式海啸监测浮标（例如美国国家海洋大气管理局的 DART2 浮标）、GPS 海啸监测浮标（例如日本的 GPS 海啸监测浮标）、卫星遥感（星载高度计可测量海面高度）、水下地震台（把高精度地震仪安放于大洋无扰动的海底）等，通过卫星通讯或海底电缆将实时监测资料传输到海啸预警中心。

2. 海啸的预警

(1) 海啸的预测与预警

目前的科学技术水平人类还不能预测和预报海啸的发生。这是因为人们还不能准确地预报海底地震的发生，而且还因为并不是所有海底强地震都能产生海啸（只有 1/4 左右的海底强地震才会产生海啸），因此预报海啸在当前更是不可能。

目前海啸的预警只能是海底地震发生后，根据全球地震台网实时观测资料确定海底地震的参数，迅速发出海啸信息，根据岸边岛屿潮位变化的异常来确定是否有海啸发生，并发出相应的海啸警报或海啸解除警报。

（2）太平洋海啸警报中心海啸预警业务流程

依据全球地震台网监测系统（目前有 138 个地震台），在地震发生后确定地震的位置、震级、震源深度等地震参数，当震级大于 6.5 级、震源深度小于 100 km 时，利用“海啸传播时间图”的方法，迅速计算出海啸波到达各海岸的时间，并发出海啸预警。海啸预警信息通过 GTS（全球通信系统）、E-mail（电子邮件）、传真等手段迅速发给受海啸影响的有关国家和地区，使其做出相应的防范。

（3）太平洋海啸警报系统（PTWS）的组织机构

目前国际社会建立的海啸预警机制主要是针对太平洋沿岸国家，因为有史以来发生的海啸大部分集中在太平洋地区。这一预警机构起源于美国 1948 年在檀香山附近地震观测台组建的“地震海波警报系统”，当时其业务仅限于夏威夷群岛。由于此后发生了 1960 年智利大海啸和 1964 年阿拉斯加大海啸，而该系统在减轻夏威夷地区海啸危害方面效益显著，因此成立一个全太平洋海啸警报系统就变得很有必要。

政府间海洋学委员会（IOC）于 1966 年通过决议，促请美国提供条件成立国际海啸情报中心，确定设在檀香山的警报机构担负起“太平洋海啸警报中心（PTWC）”的职责。1996 年，联合国教科文组织（UNESCO）所属的政府间海洋学委员会，又成立“太平洋海啸警报系统协调组（ICG/ITSU）”。2005 年，在智利召开的第 20 届“太平洋海啸警报系统协调组（ICG/ITSU）”大会上将 ICG/ITSU 更名为“太平洋海啸警报系统（ICG/PTWS）”，由 IOC 负责进行协调。

（4）我国海啸监测、预警能力

我国于 1983 年加入国际太平洋海啸警报系统，此后国家海洋局海洋环境预报中心开展了海啸预警报业务。

国家海洋局在海岛和近岸建立了大量的海洋环境监测站，现已基本具备海啸监测能力。1990 年代后期，国家海洋环境预报中心初步开发研制了太平洋海啸资料数据库、太平洋海啸传播时间数值预报模式和越洋、区域海啸数值预报模式。

参考文献

[1] 包澄澜．1991. 海洋灾害及预报．北京:海洋出版社．

[2] 富曾慈．2002. 中国海岸台风、暴雨、风暴潮灾害及防御措施．水利规划设计，(2): 44-47.

[3] 国家海洋局．中国海洋灾害公报（2000—2007）。

[4] [英] 柯劳斯 E B. 1979. 大气和海洋的相互作用．山东海洋学院海洋气象专业译．北京:科学出版社．

[5] 梁必骐等．1995. 中国台风灾害及其影响的研究．自然灾害学报，**4**（1）: 84-91.

[6] 林之光等．1991. 三大洋气候．西安:陕西人民出版社．

[7] 史键辉．2000. 风暴潮和风暴灾害分级问题的探讨．海洋预报，**17**（2）: 12-15.

[8] 孙安健等．1985. 海雾概论．北京:气象出版社．

[9] 孙湘平．2006. 中国近海区域海洋．北京:海洋出版社．

[10] 王彬华著．1983. 海雾．北京：海洋出版社．

[11] 王喜年．1998. 风暴潮灾害及其预报与防御对策．海洋预报，**15**（3）:，26-31.

[12] 许富祥．1998. 海洋灾害特征及减灾对策．海洋预报，**115**（3）: 45-50.

[13] 阎俊岳等．1993. 中国近海气候．北京:科学出版社．

[14] 杨桂山．2000. 中国沿海风暴潮灾害的历史变化及未来趋向．自然灾害学报，**9**（3）: 23-30.

[15] 杨玉华，雷小途．2004. 我国登陆台风引起的大风分布特征的初步分析．热带气象学报，**20**（6）．

[16] 周静雅，杨大升．1994. 海洋气象学．北京:科学出版社.